认知迭代 深度破局

唐搏虎 —— 著

从职场到创业 一路向上的智慧

济南出版社

图书在版编目（CIP）数据

认知迭代，维度破局：从职场到创业　一路向上的智慧 / 唐搏虎著. -- 济南：济南出版社，2024.9
　ISBN 978-7-5488-5779-2

Ⅰ.①认… Ⅱ.①唐… Ⅲ.①成功心理－通俗读物 Ⅳ.①B848.4-49

中国国家版本馆CIP数据核字(2023)第130252号

认知迭代，维度破局：从职场到创业　一路向上的智慧
RENZHI DIEDAI WEIDU POJU:CONG ZHICHANG DAO CHUANGYE YILU XIANGSHANG DE ZHIHUI
唐搏虎　著

出 版 人	谢金岭
责任编辑	陶　静　李洪云
特约策划	徐玲玲
装帧设计	page11
出版发行	济南出版社
地　　址	山东省济南市二环南路1号（250002）
总 编 室	0531-86131715
印　　刷	济南鲁艺彩印有限公司
版　　次	2024年9月第1版
印　　次	2024年10月第1次印刷
规　　格	145mm×210mm　32开
印　　张	10
字　　数	198千字
书　　号	ISBN 978-7-5488-5779-2
定　　价	49.80元

如有印装质量问题，请与出版社出版部联系调换
电话：0531-86131736
版权所有　盗版必究

名人推荐
RECOMMENDATIONS

这是一个热爱生活且事业有成的人,他的灵感一定会和我们产生共鸣!

——水皮(沃伦财经董事长,知名财经评论家)

时代产生红利,认知决定命运,选择胜于努力。

——管清友(如是金融研究院院长)

唐搏虎的书又一次阐明了"天助自助者"这一铁律。

——何小洲(博士,重庆大学经管学院副教授)

时代为翼,行业为壤,这个时代和地产行业既成就了一个唐搏虎,反过来也得到了后者故事化的精彩记录和用心提炼。这是年轻人的"奋斗参考书",也是创业者的"励志九阳真经",更是藏有更多生活可能性的"人生跃迁白皮书"。尤为可贵的是,作者一以贯之的热情和理性执着,诠释了什么叫作职场、生活场、名利场的"君子贵其全也"。

——何洋(媒体策划人,城市名片杂志《最重庆》创刊主编)

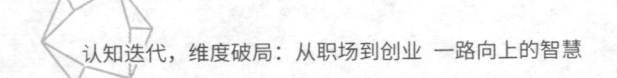

优秀的人，无论是顺境还是逆境，总是会跟自己较劲，逼迫自己变得通透。本质上，对自己有担当，对社会有责任。

——蒋鹏（鹏友会核心创始人、生态增值联盟核心创始人、西南交大国际创新创业学院副院长）

唐畅是我29年从教生涯的第一届学生，很开心看到他如此优秀！拜读其大作《认知迭代，维度破局》，我心潮澎湃，感慨万千！笔名唐搏虎，他确有明代"吴中四才子"之称的唐寅的清新才情，情真意挚、见闻广博。

通过这本书，我看到了唐畅对亲情、友情、爱情以及生存与生活、人生与社会的深刻理解；看到了当代年轻人对"沉浸式"商业时代的执着体验和深度思考。他深刻分析了"后疫情时期"商业的未来迭代方向，有了更深的思考、更广的见识，必然从容破局，进而看到更大的世界。我从书中看到了一种人生理念——"识局者生，破局者存，掌局者赢"。有人说"思维的牢笼是世界上最大的监狱"，人与人有智商的差距，有命运的不同，有人脉的宽窄，但更有思路开阔程度的差异。思考力是人的"核心力"，懂得顺势而为，学会换角度思考，提升认知水平，方为迭代破局的关键。

"天道酬勤、热爱生活、真诚待人、相信善意"，我相信唐畅，也期待我的学生们，在这美好的新时代，一定拥有更精彩的人生！

——李宗良（作者中学时期班主任）

人的命运和奋斗永远无法摆脱他所处的时代，但是你可以通过不断拓宽自己的认知边界，去做出属于你的最好的选择。

唐搏虎的人生经历很好地诠释了这段话。他是一名"80后"，他的人生几乎和改革开放的40年重叠，见证了这40年的发展与变化，而且就业后经历了中国房地产业的起伏发展。他没有抱怨时代的不公，而是努力地思考、观察、奋斗，积极地去融入、拥抱、面对这个时代，从大学毕业跨入职场就一路学习思考，一路奋斗升迁，从一名优秀的大企业高管再到自己创业，不断地自我修炼，提升自己。他无疑是这个时代"80后"的榜样。

——杨一（精典书店创始人）

认知、维度、选择、感恩、向内求、修行等，我熟悉并喜欢这些充满智慧的词。唐搏虎用它们串联起了他的三个时代，分别是改革开放的成长时代、房地产业黄金20年的职场时代和后房地产业的存量时代。这三个时代，构成了中国崛起、行业升级、人生成长的三大背景。在浮躁与焦虑的环境中静下心来，唐搏虎把自己的经历与体验置于波澜壮阔的时代背景下做系统、深入的透视、思考，充满智慧。这本书，在我看来，也是唐搏虎作为存量资产运营者对自己人生进行的有意义的运营与价值提升，形成了自己的"生命资产"，"认知迭代，维度破局"，名副其实、知行合一。我为全经联有这样的会员感到骄傲，特此推荐。

——杨乐渝（全经联执行主席）

在我眼里，搏虎是近乎完美的一个新时代好男人：年富力强、阳光自律、事业有成、家庭和美。和他的缘分是建立在我的课堂上，他对待课外学习一丝不苟的态度感染了我，也让我对他多了一些好奇，我们的交流自然多了起来。再后来，他的孩子也成了我的学员，我们的情谊愈发深厚了。

搏虎不是第一次出书，他33岁成为上市公司副总裁时，作为主编曾编辑、出版过商业主题刊物；在他的女儿六六8岁时，专门为女儿编写了《六六的童话》，浓浓的父爱透过文字传递，润物细无声地教会女儿要珍惜时间，通过努力成就人生梦想。

搏虎是一位名副其实的"斜杠青年"：上市地产公司副总裁、天使投资人、新媒体创办人；儿子、丈夫、父亲，对这三个家庭角色的扮演他也是游刃有余，是家人心目中的满分成员。

这次他又要出书了，是面向大众的书。我抓紧翻看，发现书中内容扎实，围绕着个人成长、从业及执掌上市公司运营、从头创业并获得成功的故事展开，描述了他所经历的房地产行业20余年波澜壮阔的发展。这不只是一个人的人生故事、创业故事，还承载了同代人的回望与思考。读懂过去也就读懂了未来，愿读者能从书中读到主人公的深意，获得共鸣，生发出向前走的力量。

一个人的认知，决定了他所看到的世界和他思考问题的方式。人的痛苦源于认知维度过低，而突破认知枷锁是人生的幸运。《认知迭代，维度破局》这本书或许能为你开解一二。

——叶武滨（易效能®创始人）

目录
CONTENTS

自序 回望过去，洞见未来 — 01
    谁搭上了房地产行业的快车 — 01
    四十不惑的礼物 — 03
    如何拥有力量感，如何看清未来 — 04
    努力赶路时不要忘了抬头看方向 — 05

CHAPTER 1 是他们点燃了我对生活的热爱

01 "申"（生）不易得畅 — 002
    出生时"兵荒马乱" — 002
    申（生）不易与"抬头做人" — 003

02 上新街的爷孙情 — 005
    "老（举）马马肩" — 005
    从小就过上了"组织生活" — 007
    一辈子的老公安 — 008
    记忆里幸福的"天堂" — 009
    爷爷的"舍得"与"舍不得" — 010
    热心助人的"傻"爷爷 — 011

03 给爷爷的承诺 — 012
    这间房承载着爷爷对我启蒙的回忆 — 012
    第一次上电视 — 013
    期盼奇迹的出现 — 013

	突如其来的永别	014
04	**母亲的教育**	016
	"写完作业再玩"	016
	母亲的圆梦之旅	018
	心胸豁达,才能走得更远	018
	人必须有尊严和底线	019
	反精致利己主义的教育	020
05	**受益终生的品质与习惯**	021
	我逐渐习惯离开父母的生活	021
	儿子节俭,母亲既感动又心酸	022
	极限运动小子	023
	我要感谢运动	024
06	**是他们点燃我对生活的热爱**	026
	赶鸭子上架,开启"艺术生涯"	026
	天赋不够,勤来凑	027
	从作文老大难到擅长写作	027
	不是只有富裕家庭才能"富养"孩子	028
	是父母的爱与耐心浇灌出了丰硕的果实	029
07	**青春"小世界"**	030
	0.7 分的错位	030
	"破相"与自卑	031
	"躯体变形障碍"	032
	影响我一生的三本书	033
08	**平凡而又伟大的父亲**	035
	父爱是一张用心织就的密密的网	035
	父亲的高光时刻	036

目录

永远的包容与尊重　　　　　　　　　037
我与"富二代"失之交臂　　　　　　038
从怨怼到释怀　　　　　　　　　　039
父亲眼里"永远的小孩"　　　　　　039

CHAPTER 2 机遇来自再多一次转身

01 **血色千禧年**　　　　　　　　　042
　　人生的第一个分水岭　　　　　　042
　　理由正当且充分的疯狂　　　　　043
　　学习的目标感和危机感　　　　　044
　　一次又一次突破体能极限　　　　045
　　医生给我下达了病危通知书　　　046
　　用壮美青春下一场"大雪"　　　048

02 **神奇治愈的魔药**　　　　　　　050
　　在最美的年华邂逅最美好的她　　050
　　一曲共舞与君同　　　　　　　　052
　　流光岁月里那一缕清香　　　　　053

03 **特殊的爱语"2000 in 2001"**　　054
　　甜如蜜，蜜里甜　　　　　　　　054
　　人生八苦之爱别离　　　　　　　056
　　拿什么留下你，我的爱人　　　　057

04 **孤单北半球**　　　　　　　　　059
　　那时侯，时光慢，一生只够爱一人　059
　　愿甜蜜的回忆驱散你的孤寂　　　060
　　错位时空里，我们相思成灾　　　061
　　因为爱情，由内而外的蜕变　　　063

03

05 奠基石——大学时的三大收获 065
孤独是我向上的原动力 065
组织能力的锤炼 066
我们每个人都是自己生活的制片人 067

06 我不要一眼望到头的人生 069
生理型人力资本 069
实习见闻，初涉社会 070
一生不该是一天的无数次重复 071

07 再多一次的转身 072
培养起了看楼盘的兴趣爱好 072
改变命运的一次转身 073
第一次成功"销售"自己 075

CHAPTER 3
职场一线原则：眼快不如手勤

01 师傅引进门，房产销售修炼宝典 078
瞬间破冰的关键——称呼上的学问 078
一流的销售聊情怀 079
请客户就座的学问 080
让客户不知不觉做出最合适的选择 081
一定不能在客户面前展现优越感 082
借鉴而非模仿，走出自己的路 083
人须在世上磨，才担得起大责 084
嬉笑怒骂皆是成长 086

02 改变从思维开始 087
时也，势也 088
千里选一，杀出重围 089

目录

所谓失败，只是成功路上的一个必要环节　090
力争当销冠，拿业绩说话　092
与高人同行，成长更快　092

03 总经理秘书——机遇与挑战成正比　093
抓住每一次机会　093
新官上任三把火　094
走一步看三步，做人做事平衡的艺术　095
职业迷茫期的得与失　096
崩溃与蛰伏　097

04 一线原则：眼快不如手勤　098
临危受命，最硬核的学习是去实践　098
跑手续，亲自跑一遍就会了　099
早犯错，早实践，早成长　100
从未触碰的板块，想清楚了再上　101
关于潜能，没有条件创造条件也要上　102
用好手中的资源，就能花小钱办大事　103
从窝里爬出来，自己去飞　104

05 成都，成都　105
成渝两地有扯不完的爱恨情仇　105
"三无"挑战　106
恰似一次创业之旅　107
原子弹爆炸式的裂变学习　107
实地考察与资源拓展　109
"若欲成功，必先发疯"　109

06 品闲适成都，导"一城故事"　111
历史长河里的文化之城　111
翻阅、读懂这座城市　112

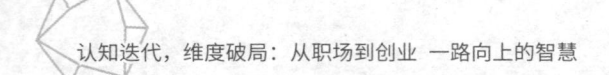

	珠玉在前，如何破局	113
	第一波事件营销，一举两得	114
	曲线渗透，围绕亲子教育做文章	116
	借势电影《疯狂的石头》	117
	做自己生活中的导演	118

07 大地震和职场危机   119

	人生得意处，酒到半酣时	119
	重新定位："行者""骚人""抢匪"	120
	5·12，濒死体验，这一生的回顾	121
	度日如年，死里逃生	123
	灾难过后，一切仍要继续	124
	我经历的职场大地震	125

08 颠覆式营销：十年城在哪里   126

	为爱回归，再见成都	126
	困难重重，销售如何破局	127
	房地产第一是地段，第二是地段，第三还是地段	128
	穿透式营销造势：瞄准出租车司机群体	129
	"消失"的创意，舍即是得	131
	悟：对待工作，带上一颗"玩心"	132

09 创造力与团队管理   133

	像研究专业一样研究人、研究管理	133
	团队软实力战例	134
	创造，让团队充满活力	135

CHAPTER 4 好的职场导师可受益终生

01 竞岗与跃迁 138
挑战：全力以赴地竞岗 138
"营销总"是干什么的 139
三次竞岗，三次跃迁 141
国家关于房地产调控的重大政策 142
金融危机下的房地产调控 142
生命的交错 144

02 打造"尊重人"的文化 145
严厉不专权、平和不急躁、勤勉不卸责 145
把尊重别人作为价值观来践行 146
塑造"尊重人"的文化 148
深入一线，叫出每一个人的名字 148

03 标准化的功效与疼痛 150
争上"百强榜"，快速扩张 150
如何实现标准化：设计、人才、管理 151
以牺牲个性化、成本控制紧缩为代价 153
客观无奈与客户群诉事件 154
市场定位组：反思与应对 155
管理的五大问题 156

04 论道峨眉——地产行业的道、术、器 159
得遇良师，道、术、器的结合 159
"明道"和"优术" 160
"每个人都是问题解决者" 161
论道主题的变迁映射地产营销时代的变迁 162
渠道争抢，狼性时代到来 164

渠道公司，地产营销泥石流	164
时间会给出一切答案	165

05 人性的审思：地产江湖里的血雨腥风 166

震荡的市场，没完没了的会议，发出抗议的身体	166
高压：工作围绕数据跑，财务报表指导经营	167
残酷："5+2""白加黑"重奖重罚	168
在职业化操守和人性的良知之间进退两难	169
血雨腥风的地产江湖	170
廉政风云与利益驱使下人性的恶	171
做一个正直的人、善良的人	172

06 数据归零的意义与"花点时间生活" 173

数据归零后的顿悟	173
除了把工作变得尽量有趣，我们也应热爱生活	174
"花生，花点时间生活"	175
刻骨铭心的日子，打开未来创业之窗	179
我们不要比挣钱的速度，要比花钱的生命长度	180

07 跨过商业这个"坑"，走出自己的特色 181

商业是市场的难点，更是一颗"毒瘤"	181
商管：我不入地狱，谁入地狱	182
"阅百卷、行百盘、识百人、写百篇"	183
走具有自己特色的商业之路	185

08 好的职场导师会让自己受益终生 188

领头人特质一：心胸宽广，有大格局	189
领头人特质二：责任感强，勇于担当	189
领头人特质三：注重细节，心思缜密	190
领头人特质四：专业性极强，勤勉工作	191
领头人特质五：换位思考，善于与人合作	191

目录

  领头人特质六：一诺千金，待人有温度 192
  领头人特质七：感恩重孝道，洁身自好 193
  祝福所有人得遇职场卓越导师 194

09 终于明白什么是真正的负责 195
  超负荷工作下的倦怠与焦虑 195
  一眼看得到的未来，我感到害怕 200
  顿悟：什么是真正的负责 201

CHAPTER 5 人生需要归零的勇气

01 一觉醒来的一万种选择，如何为自己定位导航 204
  这么慢，那么美 204
  "体制化"之思考 205

02 大资管时代——"新商代"诞生 207
  地产行业拐点已到 207
  大市场将从开发时代进入运营时代 209
  痛点，就意味着机会 210
  三圈交集——志趣、优势和意义 210

03 遭遇的致命孤独，终会成就一个更好的你 212
  从迷茫中寻找出路，从绝望中寻找希望 212
  创业的第一步是活下去 213
  创始人时常是孤独的 214
  创始人必须得是铁打的 215
  唯有活下来，才配有运气 216

04 在绝望中寻找希望，一切只为活下去 218
解开"死亡魔咒" 218
没有选择的权利，有活儿就干 219
关上一扇门，留下一扇窗——创意深沟通 220
不断折腾，不断续命，跌跌撞撞活下来 221
第二波至暗时刻：如何分钱，如何鼓舞士气 222
先挣钱，后沉淀、梳理、总结 223
决不放弃——这是我的底线和原则 224
企业的领路人，最重要的品质是信念坚定 225

05 人对了，账算清楚了，企业才有发展的基础 227
企业最大的成本是使用不经培训的员工 227
设置人力资源部双保险 229
人力资源和财务管理是企业的两大核心引擎 229

06 吃透甲方思维，做对乙方定位 231
甲方思维，乙方立场，如何破局 231
当拥抱真实，我们才能触底反弹 232
把乙方做出尊严感 233
在企业生死问题前，做人做事要冲着更本质方面去 234

07 打通上限和下限，重新定义价值 236
交通不便的商业街，从餐饮破局 236
内向型社区商业，打造邻里中心模式 238
以"避暑度假"为突破口，操盘偏远低品质项目 239

08 谢谢你们的支持 241
创业是人生一种有趣的活法 241
日志——为自己搭一座桥，好跨过沟壑 243

目录

| 留一半清醒，留一半醉 | 245 |
| 明天浪花依旧在 | 245 |

CHAPTER 6 创业为什么这么难

01 创业是冒险者的游戏，却充满无限吸引力 — 250
- 这辈子需要创一次业 — 250
- 创业者头上的"五座大山" — 252

02 如何战胜情绪 — 258
- 情绪爆发是人类的防御天性 — 258
- 认知—接纳—沉淀—正向积极 — 259

03 沟通与换位思考，系统思维能力的培养 — 261
- 基层视角 — 261
- 中层视角 — 263
- 高层视角 — 263
- 老板视角 — 265
- 老板和员工的根本差异 — 267

04 创始人的自我管理：领导力具体体现在影响力 — 270
- 时间分配和效率管理 — 271
- 企业文化管理 — 272
- 学习管理 — 273

05 了解和读懂市场周期，找到适合自己的活法 275
没有脱离时代的英雄，只有时代造就的英雄 276
养成利他思维的必要性 277
知易行难，如何才能做到利他 280

06 为什么目标和目标感如此重要 284
规划目标——先给自己树立一个靶子 284
目标的时间长度 285
目标的宽度 288
目标的清晰度 288
目标感能力的获得 289

07 保持勤勉，为了目标持续而有效地努力 292
勤勉，是为了梦想的持续自律 293
勤勉，必须是有效的 293

自 序
PREFACE

回望过去，洞见未来

每个人的人生，都是时代缩影的一角。

我们无法脱离时代，凭空去探究个人的成败和价值。在时代浪潮的裹挟下，个人成功与否，幸或不幸，时也，命也，运也。每个人的生命底色不同，归根到底在于：在重要的人生节点上，个人做出的选择不同。

谁搭上了房地产行业的快车

2021年之前的20年，是中国经济增长最快的20年，我国的GDP（国内生产总值）总量增长了10倍，从2001年的11万亿到2021年的114万亿。

这20年，也是中国房地产行业发展的黄金20年，房地产在中国经济史的这段篇章里，扮演了重要角色。

在房地产行业鲜花着锦的大幕烘托下，城市面貌焕然一新，经济蓬勃发展，房地产行业整体规模在这段时间里不断壮大。

认真说起来，人们对房地产是又爱又恨。

爱它，是因为这个行业将偏僻荒芜的土地变为便捷和繁华的城市，提升了人们的幸福指数。通过房产升值，很多人的财富实现了大幅增长，多少家庭搭上不动产快速升值这趟列车，收获城市增值的红利，并把它变现为财富。

如果你生活在一线城市，早早就"上了车"，那么今天你的家庭资产大概是千万。即使身居二线、三线城市，有些人也因为房子成了百万富翁。据统计，中国城市家庭资产中接近70%是房产类资产。

从长期角度看，房子具备保值增值性，作为抵抗通货膨胀的利器，老百姓将劳作的原始积累通过购房沉淀为家庭资产。

恨它，是因为很多人认为开发商就像榨汁机，将自己身上的现金榨取干净，甚至令自己背上沉重的负债，就像一只负重前行的蜗牛。许多人成为房奴，许多家庭被沉重的债务压得喘不过气来。

房地产拥有分化特性。不同的城市，房价涨幅不同，越是量级高的城市，涨幅越大。是到大城市还是待在小城市，是买房还是不买房，是早买房还是晚买房，是买核心地段房还是买远郊房，人们出于不同的原因，做出了不同的选择，最终造成了财富的分化。

不患寡而患不均，如此分化，凭什么啊？

都是一样的人，甚至有的人更加努力，只是因为做了不一样的选择，却在财富分流和社会阶层流动中，被拉开了差距，向上或向下，扬起眉或低下头，天差地别。

四十不惑的礼物

房地产涉及上下游产业链中的产业多达 60 个,围绕这些产业就业的人口高达几千万。他们是这个时代最直接的参与者与受益者,而我本人,刚好置身其中,踏浪潮头。

2021 年,我年满四十,孔子曰,"四十而不惑",在这个里程碑式的人生节点上,我想送给自己一份礼物,而最有意义的礼物,不正是将这 40 年的经历、收获,特别是在房地产行业发展的黄金 20 年里的所见、所感、所悟记录下来吗?

作为大时代的亲历者,作为沐浴着改革开放的春风而茁壮成长起来的"80 后",我看到了社会发展的日新月异,目睹了普通人从贫穷到富裕的蜕变。直至踏上社会,投身房地产行业,我又亲历房地产商品化、市场化从方兴未艾到轰轰烈烈,从大兴土木到行业下行、集体迷茫的整个过程。而在加入地产公司之后,我更直观地观察到这一行业的全国化、规模化、标准化、高杠杆化,纵观其驾驭资本游戏的全过程。

拥有这样的机会,既是时代浪潮的助推,亦和个人的不断突破、拼搏、努力分不开。我从刚毕业的职场"小白",成长为职场老手;再通过个人打拼奋斗,一跃成为手握股权的上市公司核心高管;最后一切归零,选择创业,并历经磨难取得成功。

我想,如今我所处的位置,亲历的故事,目睹的风景,正是"一扇窗"。

透过这扇窗,可以看到改革开放 40 多年来那些足以引发广泛共鸣的反映大时代、小人物的画面；可以纵观房地产行业的发展；亦可以见证一个普通人是如何选择、奋斗，如何顺势而为、走出纠结迷惘，进而把准时代的脉搏，追逐梦想，挥洒人生的。

我写作的初衷是记录地产行业真实发生的故事，直面行业底层逻辑，以故事为引导，全方位展现地产黄金时代，深度思考人生的价值和意义。

我要感谢地产行业，而最好的感谢，莫过于做一个诚实可信的人：探寻终极价值，回归本真，回归初心。

回望过去，才能洞见未来。透过微观，才能更加通达。

如何拥有力量感，如何看清未来

时光叩响不惑之年的大门，此时的我，身体、心智、精力、经验、情感都处于刚刚好的状态。岁月磨平了我曾经的鲁莽尖锐，却没有抹去我对未来的热情和期待。机会到来时，如何选择，如何塑造和雕琢自己，如何去谱写未来，我的答卷可供你参考，我的故事可与你共勉。

未来已来，随着经济总盘增大，经济增长幅度将逐步放缓，中等收入陷阱正在虎视眈眈地凝视着我们。

在大的经济周期里，我们可以任意踏浪前行：无论做什么，只要你足够努力，结果都不会太差。而当经济增速放缓后，无力感和方向迷失感扑面而来，如何拥有力量、看清未来，是摆在我们每个人面前的严峻课题。

我们当下的容错度，取决于实力，即财力、家庭抗挫力、心理承受力、认知纬度的综合体现。实力，是过去的选择、努力甚至运气的总和。而我们未来的容错度，则取决于当下的判断和选择。对于普通人来说，在每一个节点做出的选择，也许就是一次分化，不仅决定了未来家庭财务状况和事业的发展，还深刻影响着我们心底的自信和自我认知。

努力赶路时不要忘了抬头看方向

未来，随着科技革命、信息革命带来的颠覆性变革，竞争越来越激烈，思维模式越来越重要。那么，我们的选择到底是变宽了，还是变窄了？

也许更宽了，因为我们可以链接一切信息、人脉、资源和技术。

也许变窄了，因为作为个体，我们个人的能力和努力，似乎变得更加渺小。

机会的转变，从着眼于全面发展到注重局部的精耕细作，我们所做的每一个选择，也许就是未来发生转折的关键。试错成本进一步增加，作为个体，我们承担命运风险的容错度可能更小了。我们需要更加精准和清晰地看清形势，更加勤奋地学习和拓展认知，更加谨小慎微地探查方向，做出选择，付诸行动。

希望每一位拿到这本书的读者朋友，都能或多或少地有所收获和感悟。如果你是一个奋斗者，可以看到自己挣扎奋斗的

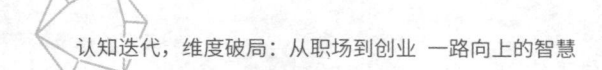

影子；如果你是一个房地产从业者，可以回望房地产这黄金20年的风风雨雨，获得共鸣；如果你是一个创业者，可以对创业的关键环节和心路历程做一次系统检测，更准确地把握事业发展的脉络；如果你正对"地产后时代"该何去何从进行思考，对未来感到迷茫，也希望你在看过此书之后可以明晰方向，澄澈思考，获得前进的动力。

希望，我们能做对那些关键选择。

希望，我们能把握好下一个时代。

希望，我们的选择最终被时间证明是对的。

希望，我们每一个关键选择，最后都无怨无悔。

选择和努力同样重要，当我们埋头赶路时，不要忘了抬头看看方向。

愿每一个有缘手捧此书的朋友，推开门、打开窗，回望历史，凝思未来，接受阳光的沐浴，照亮脚下的路。

CHAPTER

1

是他们点燃了我对生活的热爱

01 "申"（生）不易得畅

我是一个早产儿，急匆匆地来到这个世界。

母亲怀胎8个多月的一天夜里，肚子开始剧痛，羊水渗出，外婆让她去医院，母亲比较执拗和坚强，说，这不离预产期还早吗？加之天色太晚，母亲想坚持到第二天再去医院，就真的在阳台坐了一宿，疼了一宿。

第二天到医院，医生要求立即办理住院保胎，孕八月的胎儿太小了。

出生时"兵荒马乱"

入院第三天晚上，医生例行检查，发现胎音变得异常微弱，情况危急，必须马上实施剖宫产。医生叫来父亲，告诉他诊断结果，让他签署亲属告知书：孩子属于早产儿，可能养不活，也可能出现早产并发症，等等。父亲吓得不轻，但危急关头容不得他犹豫。就这样，母亲被推进了手术室。

在我被提出母亲肚子的一刹那，医生说了一句："难怪！"母亲声音微弱地问医生难怪什么。医生说："娃儿的脖子被脐带缠了7圈。"这就是胎音快要消失的原因，说明我自打在娘胎起就那么调皮，差点把自己勒死。后来我的性格就跟我这险象环生的出生经历一样,比较急躁,喜欢折腾。

医生为母亲缝合伤口的时候,因为麻醉药失效,母亲疼痛难忍,医生又给她加推了一管麻醉药。母亲却因麻醉药反应一阵恶心,在手术台上吐了,这一呕吐又加剧了腹部疼痛,把她折磨得精疲力竭。

我的出生带给家人的是一场"兵荒马乱":母亲在手术中被疼痛折磨得几近昏迷;父亲自打签下亲属告知书,被未知风险吓得六神无主,焦虑而紧张地伫立在那个夜里。夏末秋初湿热的空气模糊了他们的记忆,没有人记得我降生的准确时间。

直到亲眼见到刚出生的我,虽然很瘦,只有四斤八两,像个小老头,但是四肢健全,大人们才放下心来。

阳历9月6日是我的生日,也是母亲的受难日,而母亲的生日恰好是6月9日,这是否预示了日后的我既与母亲心心相印又常常唱反调?

申(生)不易与"抬头做人"

这一番波折之后,我的名字被定为唐畅,含义有四重:

一是因母亲姓申,生我极其不容易,畅字拆开正好左"申"右"易",喻指母亲生(申)我不易;二是我生下来身子修长(畅);三是因我的到来,全家欢畅;四是祝福我的人生路畅通无阻,畅行四方。

我从出生开始就奋起直追地吃,似乎誓要把欠缺的两个月的营养吃回来,满百天时我已经长得胖乎乎圆嘟嘟了。拍百日

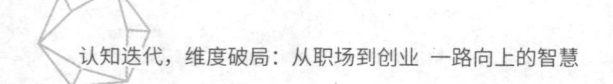

照时，家人借了一台照相机，母亲在我背后用双臂支撑着我的身子，但无论如何调整，我的脑袋都是歪斜的，那时母亲以为我的脖子还没发育好。

直到 8 个月的时候，我的脖子依然歪斜着，无法挺直。母亲察觉不对劲，赶紧抱我去医院儿科检查。医生得知我是剖宫产的孩子后，诊断说我的脖子右侧有一根筋被伤到了，还能摸到一个小包块，估计是剖宫取出的时候拉伤所致。

母亲问怎么治，医生说只能做手术，而且越早越好。母亲心里百般不是滋味，觉得孩子这么小又要遭罪，如果做手术，以后脖子上还会留一条伤疤伴随一生，多难看啊。

母亲把我抱回家，决定不做手术，用按摩的方法给我治疗。每天晚上我入睡后，母亲就把我抱在腿上，为我按摩脖子，然后捧着我的脑袋转动，这样交替一个多小时，按摩完再把我放在床上侧躺，右侧垫高枕头，让我的头部保持居中。夜里母亲需要不断地醒来看我是否翻身，纠正好我的头部姿势，她再睡下。

就靠这种土办法，再加上母亲的坚持，数百个漫长的夜晚之后，在我快两岁时，脖子竟然奇迹般地康复了，我的头终于可以直立起来，从此"抬头"做人。

02　上新街的爷孙情

儿时的天空是蓝色的,云朵也是活泼的,到处都是麻雀的身影。那时候我每天骑在爷爷的肩膀上,重庆话叫"老(举)马马肩"。爷爷登上一段长长的陡坡,然后攀爬一段长长的石梯,穿过山腰纵横交错的砖瓦房,送我到位于马鞍山山顶的南岸区机关幼儿园。

对于那时候的我来说,一切都那么长:街道长长的,坡道长长的,石梯长长的,树影长长的,时光也长长的。我常思考为什么时间过得那么慢,自己何时才能够长大。

那时的我极其眷恋爷爷,望着他离去的背影,泪水总忍不住夺眶而出——上幼儿园对我来说并不是一件愉快的事。

"老(举)马马肩"

我是在长江边长大的孩子,土生土长的"重庆崽儿"。我童年最初的记忆来自山城重庆的上新街。

在长江南岸,有两列石梁突出水面,形成一个口子,从那口子出去就是浩浩荡荡的长江,因而被称为浩口。石梁靠岸一边的水面则被称为"浩",那浩口是江鱼进出的门。宋绍兴年间(1131—1162年)有人在石梁断处两旁刻上"龍門"二字,于是

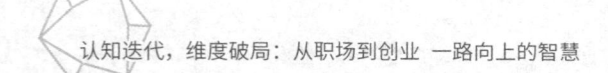

这"浩"就被称为龙门浩，隔江相对的"望龙门"也因此而得名。

晴朗之夜，月亮从涂山上升起，倒映在龙门浩中，朦朦胧胧，闪闪烁烁，与山城的灯光交相辉映，此景得名"龙门浩月"，乃重庆巴渝十二景之一。龙门浩以石梁断处为界，分为"上浩"和"下浩"，上新街就是"上浩新街"的简称，也是南岸区的中心，区委、区政府在1994年搬迁至南坪以前，就位于上新街的马鞍山。

1981年，重庆唯一的长江大桥刚通车，尚不算主流交通方式。在南岸，人们每日过江最主要的交通工具是轮渡和缆车，所以土生土长的南岸人去解放碑（长江对岸）习惯称为"过河"。为什么是轮渡和缆车？因为江边坡度大，通常都是乘坐缆车下到河边坐趸船，然后过江，再乘坐对岸缆车缓缓升上望龙门的街道。

儿时我家就在上新街，父母都在长江对岸渝中区上班，每天早晚乘坐轮渡过江上下班，几乎从早到晚都由爷爷带着我。

爷爷特别爱我这个孙儿。印象中的夏天，爷爷每天把小小的我装在背包绳缠起的背篓中，带我在上新街四处溜达。爷爷左手拿蒲扇，右手拿毛巾，不停地为我散热擦汗。

上新街不大，街心有一个百货商店，爷爷常把我抱到商店柜台上，营业员们争先恐后地抱我、逗我。附近的人都认识我们爷孙俩。有一次我的鞋掉在百货商店，别人还问到家里，专程送回来。

上幼儿园之后，爷爷每天接送我，早上为我买最爱吃的鲜肉包子,下午带着削好的水果来接我。而我骑在爷爷肩膀上下学的场景,是我此生最为深刻的记忆。

从小就过上了"组织生活"

爷爷是重庆市公安局水上分局的老公安,退休后负责带我,每个月只有一天例外,那就是他要到位于牛角沱的分局参加每月一次的党员组织生活会。

在上新街,我家住过两个地方,其一正是电影《疯狂的石头》里谢小盟搭讪美女时乘坐的长江索道南站楼所在位置,从前那里有一个建在小斜坡上的院落。

儿时的我坐在钢架婴儿车里,被三个小阿姨争相推着,那天正巧爷爷去参加党员组织生活会,由妈妈照看我。三个小阿姨也就十岁左右,两位是婆婆(重庆方言中对"奶奶"的称呼)同事的孩子,另一位是幺姨婆的女儿,喊妈妈申姐,所以算是小长辈——我的表姑。她们特别喜欢逗我玩。当时妈妈为我冲奶粉去了,她们就推着我欢快地在院里飞奔,不知是发生了争执,还是技术不过硬,婴儿车被推翻了,顺着石梯翻滚而下,摔在公厕门口。她们吓得赶紧去叫人,母亲赶来时婴儿车正压在我幼小的身子上。

晚上爷爷回家后,见我满脸的擦伤,心疼得不得了,把家里人批评了一顿。没想到不久后我又摔了一次,从一个斜坡上滑下,后背被划伤,仍然是在爷爷去参加党员组织生活会的时候。爷爷回来后大发雷霆:"我平时带他的时候,从来没出过事,

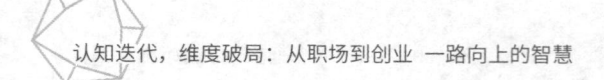

一交给你们，就摔成这个样子！"

从那以后，爷爷每次参加党员组织生活会都把小小的我带在身边，这让我从小就过上了"组织生活"。记得有一次我还跟爷爷登上了巡逻艇，风驰电掣地巡游在长江上，像一条飞跃在浪花之巅的大鱼，十分威武气派。

一辈子的老公安

爷爷是一名老党员，对党和国家的感情深厚真挚。爷爷的老家在四川渠县，他在家里排行老三。20岁时，为躲避国民党军抓壮丁，爷爷赶着一大群鸭子离开家乡，漫无目的地逃亡，一路靠卖鸭蛋为生。经过数月的走走停停，爷爷最终来到重庆，安顿下来，成家立业。新中国成立后，爷爷当上了公安，任劳任怨，为人民服务一生。

我出生那年的夏天，1981年7月9日至7月14日，长江上游四川盆地连续暴雨，长江流域发生了新中国成立以来罕见的特大洪水，受灾人口达1500多万，1300多万亩耕地被淹。

洪水袭来时，爷爷正在长江左岸的珊瑚坝上班，负责重庆团市委和水上分局联合组织的一项活动。洪水袭来的当天下午爷爷没有回家，也没打电话，家里人提心吊胆地等到晚上，爷爷终于平安地被人送了回来，可眼睛却被污浊的江水浸泡得睁不开了。

原来那天下午洪水袭来时，爷爷没有撤退，一直在洪水中奋力抢救国家财产。他说，不能眼睁睁地看着国家的财产被冲走,那样太可惜了。当时他只一心想把它们抢救下来,就不顾一切地去做了。

婆婆听罢说爷爷傻,让家里人看好他。结果第二天,爷爷又从家里溜出去,换上泳裤继续去江水里打捞了。

记忆里幸福的"天堂"

对于尚未晓事的孩子来说,童年往事的许多片段,来自长辈们的讲述。我真正开始记事是三岁,自此我正式开启了自己人生故事的篇章。

因为修建长江索道项目,我家的房子被列入拆迁范围,于是我们搬到上新街电影院对面,算是最早的一批"拆迁户"了。

在儿时的我看来,住在电影院对面是一件很幸福的事,爷爷抱着我进电影院,就像抱着免票通行证——影院通常不收我的票钱。所以,我从小就把看电影当成一件寻常事。

每次看电影我都坐在扶手上,侧着脑袋看幕布:一来是因为我从未买过票,里面没有属于我的位置;二来受我当时的身高所限,"登高"才可望远。

那时看了哪些电影呢?有印象的都是比较恐怖的,如《夜半歌声》《东陵大盗》等,越是恐怖,越是记忆深刻,经年不忘。

上新街最好玩的"天堂"有两个。

一是江边,那里有依坡而建、轨道笔直的缆车。在那里,我能够等到乘坐轮渡自江对岸下班归来的父母,能够感受徐徐吹来的江风,能够观摩别人钓鱼,满目皆是风景。

在江边这个"天堂",放风筝是再开心不过的事了。爷爷每年都会为我做风筝,把四根竹棍削成薄片,用缝衣线绑紧两棍相交处,组合成三横一竖的"王"字骨架,粘上白纸,在骨架正中系上长长的钓鱼线,这样"王"字风筝就做好了。春秋两季河风劲吹,爷爷抱着我,把风筝放得老高,直入蓝天。我抬头仰望着风筝笑,爷爷也看着我笑。

另一个天堂就是"小乐园"。其实里面的设备十分简陋,仅有一部游乐设备、一个旱冰场、几个跷跷板和高高挂着的几架秋千。孩子们却很容易满足,空气中飘荡着欢声笑语。爷爷常常带我来这里玩。在这里,我第一次穿上钢制旱冰鞋,缠着一圈又一圈的绿色鞋绳,扶着墙壁慢慢前行,最终还是摔疼了小屁股;在这里,我第一次踩上秋千板,可无论怎样努力也无法像哥哥姐姐那样在空中"飞翔",划出一道道美丽的弧线。

爷爷的"舍得"与"舍不得"

在上新街的丁字路口,有一家新华书店,爷爷常常带着我去买小人书。久而久之,爷爷收藏了满满一柜子的小人书,诸如四大名著、《说唐》、《聊斋》、《智取威虎山》、《九色鹿》等成套系的文学名著,由知名画家手绘插画,故事通俗易懂。这些小人书既是文学作品,又是艺术品;既有美学价值,又有收藏价值。这满满一柜子的小人书,我保存至今,这是爷爷留给我的一笔精神财富。

从新华书店出来,有一个卖玉米棒(20世纪80年代特有的街边零食，用玉米浆做原料，用机器炸出来的空心棒子）的摊位，五分钱一根，红色、黄色、白色的都有，爷爷通常都是买一大捆带回家。在那个物资匮乏的年代，这就是最美味的零食。

还有一种叫"巧克力香槟酒"的饮品，每逢家人团聚，或是比较正式的聚餐，大伙儿就会去百货商店买上一瓶，倒一大杯，喝起来甜甜的，味道像可乐，却又比可乐味道浓郁。

给我买东西，爷爷总是很舍得，但是他自己却极其艰苦朴素。一双老布鞋穿了许多年，内衬穿出了洞，都舍不得丢。老式眼镜的盒子，已被用得失去了弹力。母亲出差给他买的新衣服，他也舍不得穿。

热心助人的"傻"爷爷

婆婆说爷爷傻。他退休前是有机会涨工资的，那时涨工资的名额限定比例，并且有任职年限要求。爷爷符合要求，但他却提出放弃，把名额让给一位女同志，只因她丈夫去世了，爷爷觉得她独自带着孩子生活艰辛，更需要这份收入。

有一次饭后，爷爷带我出去散步，碰见一个素不相识的卖鸡蛋的妇女。天快黑了，她还有大半筐的鸡蛋没卖完，爷爷就想帮她，便把鸡蛋全买下，但身上又没带够钱，于是让这名妇女和我们一起回家拿钱。事后，家里人发现那名妇女找零的钱是假钞，而买回来的那大半筐鸡蛋也有许多是坏的。婆婆又说爷爷傻，但爷爷依然不改热心助人的初衷，一次次地对身边人乃至陌生人伸出援助之手。

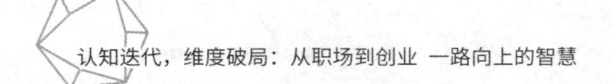

03 给爷爷的承诺

我住的房间窗户正对着长江,夜里推窗凭栏,望望天上的月亮,看看水中的月亮,欣赏"龙门浩月",数数江对岸的"万家灯火"。每逢除夕,还可以看到江对岸绚丽多彩的烟火,像是无数条小火虫在跳跃。

这间房承载着爷爷对我启蒙的回忆

这间房的墙上贴着一张水浒108将图,爷爷一个一个地教我认他们的名字,日复一日,我对每个人的名字和绰号都如数家珍:"及时雨"宋江、"智多星"吴用、"九纹龙"史进、"浪子"燕青……

爷爷想了各种办法来开发我的智力,拓展我的认知。我觉得自己长大后思维缜密、逻辑清晰、发散能力强,很大程度上要感谢爷爷对我的启蒙教育。

那一柜子的小人书,爷爷用它们来和我玩"念书名找图书"的游戏。爷爷还教会年幼的我许多谜语,每当指到眼睛时,我就会说:"上边毛,下边毛,中间夹颗黑葡萄。"指到鼻子,我就说:"左一孔,右一孔,是香是臭它最懂。"

上幼儿园后,爷爷买了许多智力测验书,里面有走迷宫、解绳子、猜数字等测验题。每天放学回家，爷爷都要带着我做上几道。我很享受这种破解谜题的过程，每当解出答案，就像发现了一片新大陆，兴奋不已。

第一次上电视

爷爷在铝制罐头盒上钻几个孔，穿上塑料皮电线，做成"高跷"，我拉着线踩在"高跷"上走来走去，得意极了。

爷爷爱积攒硬币，床下放了满满几袋子钢镚儿，我经常翻出来数，这让我养成了节省、储蓄的习惯，也算是爷爷对我的早期财商教育了。

上幼儿园时，重庆市举办首届幼儿智力邀请赛。因为爷爷的悉心培养，我代表幼儿园参赛，最终获得全市第三名的成绩。重庆电视台对决赛进行了全程直播，那是我第一次上电视。

期盼奇迹的出现

1995年4月9日清早，医院通知说爷爷病危，我和父母匆匆赶到医院。透过病房的玻璃，我看见瘦弱的爷爷躺在病床上，两名医生轮流按压他的胸口做心肺复苏，但心电图监测器上已成了一条直线。我不敢相信这是真的，直直地杵在那儿，很想上前拥抱爷爷，把他唤醒……

就在一天前，上初一的我回到家，立即去大坪三院看望爷爷。此时他的情况已经非常不好，不能说话，浑身上下插满了管子，特别是喉部，因为不能进食，钻了一个孔，上面覆盖着

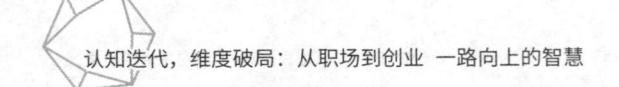

一个中空的金属盖,塑料管从这个孔插进食道,插进胃里,用于进食,让人看着十分心疼。

爷爷的病是反流性食道炎,并非绝症,但这些年因为进食困难,营养不佳,最终拖垮了他的身体。不久前,他还做了开胸大手术。我本以为爷爷有希望恢复,甚至曾多次梦见爷爷的病出现转机,但现实却是那么残酷。

那天去医院看爷爷,爷爷直直地看着我,眼神中透出无限的不舍。因为爷爷喉部插管,戴着呼吸罩,说起话来十分费力,声音像气球漏气似的呲呲散开,严重的营养匮乏导致他已经没有太多力气了。

那时我只期盼能够出现奇迹,时光倒流也好,医学奇迹也罢,只要爷爷能好起来!但面对残酷的现实,理智告诉我,应该抓紧时间把心里最想说的话告诉爷爷,让他安心,给他鼓励。

突如其来的永别

我知道爷爷最大的安慰和希望都在我身上,是爷爷手把手带大我,他最大的期望就是我能成才。

我趴在爷爷的病床边,尽可能收起哽咽,打起精神,贴近他耳边,告诉他:"爷爷,您放心,我一定会用功读书,我一定会考上大学!"爷爷依然语不成句,但是我却清楚地看到一行泪珠从爷爷眼角溢出,滑落到白色的枕套上,徒留下一道泛光的泪痕在他松软蜡黄的脸颊上。这是我第一次看见爷爷落泪,也是最后一次。

我知道爷爷听见了,他坚信有那么一天孙儿能兑现诺言,只是可惜自己已无法亲眼见证孙儿的成长和成功。

1995年4月9日,爷爷离开了我们。失去了最挚爱的亲人,我哭得很伤心。

若干年后,我的脑海里还会时常浮现出那幅画面:爷爷望着我的信任、期盼、不舍的眼神,还有他眼角泪水滑过的痕迹。离别让我悲伤,但在爷爷临终前给出的承诺又不断激励着我前行。

爷爷是深深影响我一生的人,除了对我的启蒙教育,还有他对我无微不至的关爱和陪伴,以及他与人为善、朴实无华的品格,这些都像是一场雨露,沁润进我的记忆和生命里。

04 母亲的教育

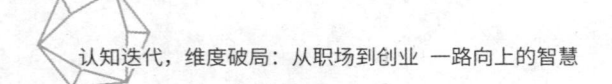

上小学前,父母一直没有自己的房子。最开始我们跟爷爷奶奶一起住上新街,父母每天过长江到市中区上班,那时还不叫渝中区。后来母亲单位搬到江北区,总算在附近分配了住房,却是三家职工共住一户三居室的房子,称作"团结户"。

母亲一直渴望有一套自己独立的房子。1987年,她的单位在电测村盖新楼,终于,母亲分得一套两居室,面积60余平方米,在8楼。重庆地形高低错落,楼栋前高后低,所以道路前方的入户层是三楼,向下还有两层,背后的楼栋观景面全在地面以上,正对江北区电力局的小区。

"写完作业再玩"

那年我满6岁,该读学前班了,家里又有了住宿条件,母亲就把我接到身边,让我去江北区最好的新村小学上学。

家距离学校大约有半小时路程。当年交通不发达,我步行上学既要穿过大马路,又要走小路,还得路过嘈杂喧嚣的观音桥老菜市场。新村小学校门口紧邻主干马路建新东路,交通事故时常发生。

母亲不放心,每天接送我上下学。她早上6点多起床,为我做好花卷、馒头，让我吃完后送我上学；中午学校不管饭，学生必须全都回家吃饭和午休，所以母亲又来接送我；下午放学后，母亲再来接我回家。回到家，母亲又得开始忙碌晚饭：淘米、洗菜、煮饭、炒菜……

母亲总是告诉我："写完作业再玩！"我心疼母亲，将她的辛苦看在眼里，所以小时候比较听话。那时晚上常见的情景是：在我们小小的房子里，客厅外连着内阳台，左端放着炉灶，右端摆着我的小书桌，戴着围裙的母亲一边做饭，一边给我听写。

楼下有一个东北老奶奶卖馄饨的箩筐小摊，我们经常去。上一年级后，母亲单位几个同事的小孩都在新村小学就读，于是大家凑份子请这个老奶奶每天接送我们。母亲给我配了一把钥匙，用绳子挂在我胸前，这样每天放学我就可以自己回家写作业。遇到有体育课的日子，母亲就不让我带钥匙，避免受伤。

那年插卡游戏机刚兴起，很多孩子放学回家会去打游戏，但我从来不去，牢牢记着妈妈的话——"写完作业再玩"。

还有一次，父亲下早班回家，刚开门发现卫生间开着灯，以为忘了关，结果打开门看见我蹲在那儿大便，身前放着一只小板凳，我正争分夺秒地写作业。爸爸问我为什么这么赶，我依然回答："妈妈说的，写完作业再玩。"

一年级刚学拼音时遇到困难，母亲手把手教我拼读，还为我编了学习口诀。

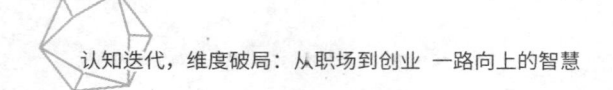

母亲的圆梦之旅

母亲出生于 1953 年,是家中四姊妹中的大姐,她喜欢读书,自学风琴,能歌善舞,写得一手漂亮的字。她上小学时是班上的大队长,小学时成绩一直很好。中学时代正赶上"文革",母亲辍学,下乡到四川宣汉当知青,因为收谷子时被镰刀割伤,母亲左手背面食指根部留下一道泛白的疤痕。

"文革"结束后,母亲去了成都当兵。1977 年国家恢复高考,母亲已经 24 岁,她从部队转业回到重庆。1981 年我出生后,母亲既要忙工作,又要照顾我,所以放弃了高考。没能上全日制大学,是母亲最大的遗憾。后来母亲报考了中国社会科学院函授文秘专业,终于圆了自己多年的大学梦。

心胸豁达,才能走得更远

母亲热爱学习,认为学习能改变命运,所以在我的教育上她倾注了大量心血。母亲尤其注重品格培养,她常告诉我:"对朋友,要豁达,要吃得起亏;做人要有骨气,特别是男人,要有本事,自立自强,凡事靠自己。"

小时候我有一个关系特别好的小伙伴。母亲有一次出差为我带回来一个"撒尿小孩儿"的玩具,我喜欢极了,经常和小伙伴一起玩耍。一个夏季的夜晚,这个小伙伴玩了我的玩具后不愿意还我,争抢中,他把我的"撒尿小孩儿"重重摔在了地上,碎成了几块。我非常伤心,告诉了母亲,她却安慰我:"坏了就算了。"我为此难过好久。

后来,我和小伙伴各自拥有一个望远镜。某天,我们用望远镜玩"对对碰",不知怎么的,我把他的望远镜碰碎了。他找我母亲告状,结果这次,母亲却要求我把自己的望远镜赔给他,无论我怎样哭诉都无济于事。我当时实在不理解:为什么别人弄坏了我的玩具就那么算了,而我把别人的东西弄坏了,却要赔偿?

若干年后,我才明白,做人要严于律己、宽以待人。而且,"吃亏"是人生的必修课!我们只有学会"吃亏",心胸豁达,才能走得更远。

人必须有尊严和底线

当然,吃亏不是无原则、无底线的吃亏。上幼儿园时有一个同学,仗着身材高大,放学排队时站在我身后,总喜欢往我的衣服里塞纸屑或者车票,让我的后背特别痒。当时瘦弱、幼小的我敢怒不敢言,不知道该怎样应对。

母亲知道后,告诉我要对他说"不"!我觉得母亲是对的,但是他比我高大,我不敢独自面对他,更不擅长沟通和表达不满,只好一直隐忍着。后来,母亲陪我一起去学校,趁着放学找到这个同学,明确指出他这样做是不对的,并警告他不能再这样欺负我。从那以后,我再也没有遭受"纸屑欺凌"。

这是第一次也是最后一次由母亲帮我出头解决被欺负的问题。从此,我知道了人必须有尊严和底线,要坚决捍卫自己的

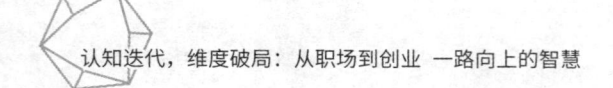

权利。我心中就此种下了这样的信念：当面对不公或者强权时，要敢于说不，维护自己的权利。

反精致利己主义的教育

20世纪80年代末90年代初，改革开放的春风吹遍神州大地。父母那代人经历了"文革"的煎熬，难以摆脱阴郁和消沉的社会认知，人与人之间也充斥着不信任，追求金钱至上、功利至上，渴望光怪陆离的新事物，社会上弥漫着浮躁的风气。有的人教育孩子要多为自己着想，聪明一些才能不吃亏，成为精致的利己主义者。

然而我的母亲却反其道而行之，传递给我的始终是非常正向和传统的美德教育：自立自强，关爱、帮扶他人，善待朋友。母亲从来不跟我讲阴暗面，而且总是告诫我："不要去攀比吃和穿，要比就比学习和努力，知识是最大的本事。"

学前班和一年级，是我成长生涯中唯一和父母共同生活的两年。母亲的教育，为我后来良好学习习惯的养成和正确价值观的构建奠定了基础。

05 受益终生的品质与习惯

时间来到 1998 年秋，因为外婆是重庆大学（简称"重大"）的教职工，而重庆大学附属小学（简称"重大附小"）距离外婆位于重大新华村的家只有 5 分钟路程，且外公外婆已经退休，也可以照顾我，再就是考虑到重庆市最好的一中、三中和八中，都在沙坪坝区，所以母亲和外婆商量后，将我转到重大附小去读书。

我逐渐习惯离开父母的生活

再次跟母亲分开生活，我万般不舍。来到新的环境，我和新的伙伴尚不熟悉，每天只要一想到母亲就以泪洗面。

那段时间，父母每周二、周四下午下班后乘车到沙坪坝来看我，晚上 9 点钟再回江北，有时父亲工作繁忙，母亲就单独过来。

不久，外婆在路上摔了一跤导致骨折，无法照顾我，我只得每天坐重大校车回牛角沱，母亲在车站接我回江北。第二天一早 6 点起床，我们乘坐 305 路公共汽车到上清寺。在车上我靠着母亲再睡一小会儿，她通常将衣服盖在我身上保暖，到牛角沱我再独自乘重大校车回重大附小上学。

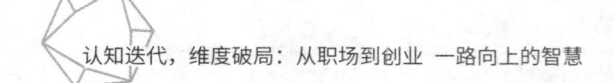

外婆康复后，我又回重大住，父母依旧是周二、周四过来探望，直到三年级以后，我才逐渐习惯离开父母的生活。

虽然每周相聚的时间短暂，但是母亲依然关心我的成长。我性格比较内向，好在体能一直不错。三年级时立定跳远能跳到两米一，短跑成绩也是名列前茅，所以在母亲的鼓励下，我主动请命，希望班主任任命我为体育委员。后来，我成了中队委，臂膀上别上了闪耀的红通通的两道杠。

从此我更加热爱体育运动，并爱上了乒乓球和足球，特别是足球，后来成了我这辈子最热爱的运动。身为体育委员，每天课间休息，我会对全班进行整队："立正""稍息""向右看齐"……我逐渐敢于在大庭广众下，用稚嫩的声音大声发号施令，洪亮的声音，每每响彻楼道和操场。每一届学校运动会，我都积极报名，身先士卒作出表率，为班级赢得荣誉。这些经历极大地增强了我的自信心，也初步锻炼了我的组织管理能力。

儿子节俭，母亲既感动又心酸

四年级春季运动会时，母亲下班赶到团结广场看我比赛，碰到班主任兼语文老师付老师，那是母亲和付老师第一次见面。寒暄了几句后，付老师问母亲："你们平时给不给唐畅零花钱？"母亲很吃惊，心想：老师为什么这么问？其实，父母每周会给我 10 元零花钱，但是我总是舍不得花，尽可能存起来。

付老师说："见到你们之前，我以为你们家里经济条件不好。班级春游时,其他小朋友都要买零食,而唐畅不去买。我问他是不是没有钱,他说有钱,但是不想买。我还以为是他不好意思说实话,今天看到你的穿着打扮和谈吐,才知道不是这个情况。"这次对话让妈妈很感动,也有些心酸,她觉得儿子很懂事,生活节俭朴素。

其实,父母对我一直很好,我越是节约,他们越是主动给我买东西,希望我过得幸福快乐。

我不痴迷电子游戏,但是其他小朋友都喜欢玩。后来,父母专程带我到望龙门买了一台小天才游戏机,让我周末可以玩两个小时。

朴素的特质,既来自爷爷对我的熏陶,也因为我从小将父母的辛劳看在眼里,深知挣钱不易的道理,觉得我花出去的每一分钱,都凝结着他们的汗水,不应该随便挥霍。

中学时期,我用的是一个拿胶布粘起来的破塑料笔盒。夏天一双旧凉鞋穿了三年,爸爸看不过去,趁我睡着给扔掉了。我醒来后跑到楼下捡了回来,拿去让鞋匠缝补好继续穿,还说:"不考上大学,就不扔这双鞋子。"

直到我在房地产行业的龙头企业身居高位,我依然保持节俭朴素,这是让我一生受益的好品质。

极限运动小子

我应该算是最早体验"极限运动"的一批孩子,小学时母亲就为我买了滑板,那个时候的小孩很少有玩的。每周四下午,

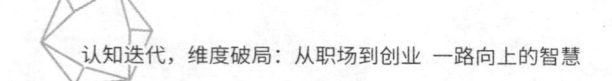

老师参加组织生活，学校都会放假半天，于是我和一个小伙伴会踩着滑板从重大新华村沿着滨江路滑到学校后门的药厂，然后爬一个大大的坡回家，耗时两三个小时。

滑滑板既锻炼身体的平衡性，又有利于右脑发育。中学时，我又爱上了滑旱冰，每周末都会去重大的学生活动中心滑旱冰，经过六年的练习，我的水平已经能够"叱咤"冰场，正滑、倒滑、侧滑、360度跳跃、转圈等都不在话下，这是非常"拉风"的事情。

我要感谢运动

从小学到中学我一直担任体育委员。高考前，我参加了田径队，专注训练跳高和短跑，最后凭着百米短跑12秒4的成绩，获得了国家三级运动员称号，借此我赢得了高考加20分的奖励。

更重要的是，这段经历让我打下了比较好的身体基础，大学时我可以12分钟跑3400米，达到了当时甲A联赛足球运动员水平。即使我进入社会和职场，也没有中断过体育锻炼，这不仅让我有一个好的身体，还能让我保持充沛饱满的精力，能够承受比较大的工作强度和压力。

我要感谢运动，运动让我积极自信。热爱运动的人拥有强健的体魄，并且会认真、积极地生活。

运动，真的可以给人带来活力和好心情，因为在运动过程中我们的体内会分泌多巴胺、内啡肽和血清素。多巴胺能带来短暂愉悦；血清素，能帮人放松心情、缓解焦虑；内啡肽，可以调节一个人所有的负面情绪，改变对自我的认知，让人变得积极向上。当面临巨大压力或心情低落的时候，我就会去运动，酣畅淋漓地出一身汗，一切烦恼都烟消云散。

06 是他们点燃我对生活的热爱

我父母都热爱艺术，尤其是父亲擅长写作，他们倾尽所能为我创造条件接受艺术的熏陶，培养我的写作能力。哪怕我最感兴趣的还是体育，也不妨碍他们把满腔的爱与希望倾注在我身上。从小学一年级开始，母亲就给我报了绘画班，为我打美术基础，直到我转学到重大附小才中断。

赶鸭子上架，开启"艺术生涯"

母亲小时候想学风琴，但是家里没有条件。学校有一架老式脚踏风琴，正好她的音乐老师是她同学的妈妈，母亲就时不时地去弹一下过过瘾。直到 20 世纪 90 年代，母亲省钱买了一台珠江牌钢琴，总算圆了自己多年的钢琴梦。

母亲的舞也跳得好，在四川省军区当文艺兵时，经常担纲女一号，领衔主演《红色娘子军》《白毛女》等。

而父亲从小学二胡，会拉手风琴，在纺织局工作时常有机会上台表演。

多年以后，母亲音乐老师的女儿，也就是她那位小学同学，恰巧成了我的音乐老师——黄老师。一次偶然的机会，黄老师告诉母亲，学校准备开手风琴培训班，问我要不要参加。结果我糊里糊涂就被父母拉去报了名,开始了我的"艺术生涯"。

天赋不够,勤来凑

手风琴班每周四晚上一节课,正好周四晚上父母会来重庆大学,顺便带我去上课。因为父母都懂乐理知识,可以给我开小灶,所以我学得扎实,总是得满分。然而练习就得靠自己了,练手风琴主要是父亲陪伴,因为他会拉手风琴,可以更好地指导我。

每周老师会布置一首新曲目,每天晚上,只要写完作业,我都会练上一个小时手风琴。从三年级到六年级,我学会的曲目越来越多,后来我们手风琴班还出去表演过几回。虽然我天赋一般,演奏也算不上出类拔萃,但父母对我会手风琴这件事还是很欣慰。

小学快毕业时,因为升学压力和作业量加大,我提出暂时不学手风琴了,于是就此中断了这门技艺。

从作文老大难到擅长写作

父亲的文笔不错,工作以后,考进了重庆师范大学中文系。但是写作这事儿又不遗传,作文从一开始就是我的一大痛点,每次老师布置写作文,我都感到万分痛苦,完成作业就像扒一层皮似的。

为了提升我的作文水平,母亲四处打听厉害的作文老师。后来,她打听到一位姓孙的老师,在少年宫开作文班,每周日上课,但是她的班级50人的名额已招满。母亲没有放弃,去孙老师上课的教室外,站着听了整整一节课,觉得孙老师的确有水平。下课后,母亲找到孙老师并恳求她破例收下我。就这样,孙老师被母亲的执着和母爱所感动,收了我这个"编外"学生。

从此,我的写作水平显著提升,作文内容逐渐有了深度。许多作文原稿,母亲一直保存至今。

不是只有富裕家庭才能"富养"孩子

除了对我进行各种才能的综合培养,父母也尽可能创造条件和机会,让我增长见识。

母亲在重庆市外办(重庆市人民政府外事侨务办公室)上班时,坐火车去成都出差,都会带着小小的我。那时的绿皮火车晚上 9 点启动,母亲要抱着我在硬座上坐 8 个小时,第二天凌晨 5 点才能抵达成都站。她带我去春熙路,遍览武侯祠、杜甫草堂等名胜古迹。

后来,母亲调到旅行社工作,她又带着我乘船去丰都鬼城。

当年火车票可不便宜,重庆到北京的票价需要大几十元,这在当时足以买到好多东西。母亲能省就省,托了同事的关系,暑假的时候带着我到北京。从小我的方向感就特别好,所以在北京我负责看地图,规划路线。我们逛了天安门、故宫、颐和园,又去了八达岭长城、明十三陵等地。

父亲也带我去过昆明、武汉,还有深圳、珠海。20 世纪 90 年代初,许多孩子都没出过自己所在的城市,而我却已经去过那么多地方,还坐过飞机。让孩子从小增长见识,这是多么难能可贵的"富养"!

是父母的爱与耐心浇灌出了丰硕的果实

若干年后,我养成了用文字记录生活、用文字思考、用文字沟通的习惯。也因为坚持写作,我更加细心地体会生活,热爱生活。文字与生活,相辅相成,相得益彰。

今天,我可以写书,回忆往事,思考人生,都得益于父母对我的悉心栽培和言传身教,以及当年母亲为我争取来的作文名师的启蒙。

当我事业有成、家庭美满,有了更好的经济条件时,我已为人父,于是也像父母当年那样,每逢假期,尽可能带上妻儿和父母,走遍神州,游览世界。

母亲从事旅游业大半生,在我工作以前,却从来没有出过国。我希望在父母尚且能够走得动的时候,带着他们走遍世界。截至2020年新冠疫情暴发前,我已经带着父母和妻儿,去过5大洲大约20个国家。

如今,一切慢慢回到正轨,我还会继续带领全家走下去。这是我作为儿子,回馈父母曾经对我的爱和培养的方式。我希望他们开开心心地享受晚年。

父母热爱生活的态度,对我倾其所有的爱与呵护,创造条件悉心培养我,让我开阔眼界、增长见闻,奠定了我人生底色的厚实基调。他们引导我独立自主,培养我善良、真诚、热心、正直的品质,年复一年,用爱与耐心浇灌出了丰硕的果实。

07 青春"小世界"

小升初考试是我人生的第一次大考。当年小升初的规则是先划定片区，每人只能填报片区内的一所学校，考不上就只能服从调配。

0.7分的错位

考试科目只有语文和数学，总分200分，每所中学根据学生的考试成绩，结合招生计划，划定录取分数线。我们小学所在片区对应的第一档市重点为重庆一中，第二档区重点为重庆七中，然后剩下的就是其他中学了。毋庸置疑，我志愿填报的是重庆一中，明知道竞争非常激烈，我还是坚定地选择了它。

我永远都记得那一天，小升初考试成绩出来，我的数学成绩是100分，语文却是92.3分，问题出在最后一道书信作文题上，落款时人名和时间的顺序写反了。最后我的总分是192.3分。而不巧的是，那一年重庆一中的录取分数线是193分。

因为这0.7分的差距，我与重庆一中失之交臂。更糟糕的是，因为志愿没有填重庆七中，所以七中也不能主动录取我。好在分数上了七中统招线，还有一个"曲线救国"的方式，那就是交钱入读。父母为此缴纳了7500元"赞助费"。

这件事让我倍感受挫，我原本很为自己的节俭和学习自觉而自豪，可是小升初这道坎儿让我摔了个大跟斗：一个小的疏忽，导致父母要花掉如此多的辛苦钱去为我争取升学的机会，0.7分啊，失之毫厘，差之千里。之后我很自责，郁郁寡欢。

"破相"与自卑

除了小考折戟，在这期间还发生了两件事让我深受打击，痛苦不堪，变得有些消沉。

其一是我走不出爷爷离世的悲伤和思念。其二则是初一时我不小心"破相"了，这对于青春期的我来说，其影响不亚于七级地震。

事情源于一颗长在鼻尖上的青春痘，不知怎的被我抠破后结了痂。后来趴在玻璃写字台上做作业时，因为弯腰捡笔，一不小心被玻璃桌面蹭掉了痂皮，从此我的鼻尖上，留下了一个凹坑。

因为我脸上这个"坑"，同学们常投来好奇的目光，甚至有个同学说我是"米老鼠"！这令我变得敏感且自卑：与人说话时，或略微低头，或背光而坐——害怕光线下，我面部这个缺陷无所遁形。

然而越是回避，我越是害怕，越不喜欢与人面对面说话，总是担心别人注意到我的容貌缺陷。若是有人提及，我就觉得那一定是嘲笑；若是看见了却不提及，我会觉得对方是同情我，照顾我的自尊心。

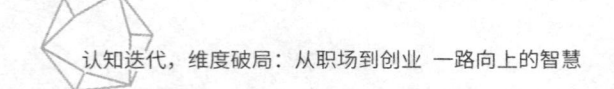

我的心理从此陷入怪圈，越来越喜欢独处，觉得这样让我相对轻松自在。

"躯体变形障碍"

因为这三件"大事"带来的影响，我的性格亦随之发生了改变。从童年时的阳光自信，变为青春期的敏感、自卑，我常常深感孤独，内心时而升起无助，时而伴随着怒火，抑郁是这一时期的主色调。

与父母聚少离多，照顾我的是外婆和外公，这就导致了我竟找不到一个人来倾诉和排解。

每天晚上，我把自己锁在房间里写作业，时而望着窗外发呆，时而照照镜子，恨不能把导致这一切的罪魁祸首——凹坑立刻填平，回到从前。难过、后悔、痛苦密密麻麻地缠绕着我，直到深夜，伴随着低沉忧郁的情感类节目或音乐我才能入眠。

法国心理学家、精神科医师克里斯托弗·安德烈所著的《恰如其分的自尊》里提到儿童与青少年自尊形成的五个方面，其中第一条就是外貌。另外，有一种病叫作"躯体变形障碍"，就是总觉得身体哪个部位不对劲。青春期的我应该就是出现了这个问题，当然这是我成年以后通过学习才明白的心理学知识，当年的我只能任由自己的内心扭曲、封闭，长出怪异的藤蔓，缠绕绞杀着自己。

影响我一生的三本书

独处的时候多了，也让我有了更多时间独立思考，以书为友，一头扎进书的海洋里，恣意遨游。

细论起来，对青春期的我影响比较大的有三本书。

第一本是戴尔·卡耐基的《人性的弱点》，这本书可以说是我的情商启蒙书，引发了我对人性的思考。我第一次知道心态决定命运，知道如何应对焦虑，面对现实，接纳事情原本的样子等。爷爷的离世、小升初不如意、鼻子破相，我试着去接纳这些既成事实，放下焦虑。

对于如何与人相处，我印象最深的是关心别人，面带微笑，喊出别人的名字，善于倾听，以及换位思考等。成年以后，特别是走上工作岗位后，我特别注重见面时记住和喊出别人的名字，谈话时更多的是倾听，诚心待人，诚意做事。

第二本书是《走进清华北大》，是30个考进清华大学、北京大学的优秀学生的自述。七中对面有一家小书店，主营学习考试类图书。这本书就购自这里。

在此之前，如果要问我学习是为了什么，我会说是为了考试，为了考上大学，再深层次的思考就没有了。可是这30位同龄人中的佼佼者，他们几乎无一例外地很早就树立了非常清晰的目标。或心态沉稳，学习专注；或劳逸结合，做好时间规划；或基础扎实，上课时把知识吃透，下课后科学复习等。书中的每一个故事，对我来说都是一次冲击和激励。同龄人的现身说法，远比父母长辈的唠叨有效。

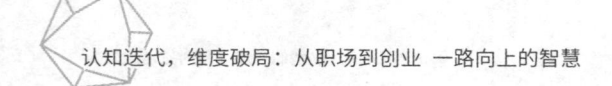

第三本书是小姑送我的《李嘉诚传记》。这本书算是我的商业启蒙书，更是让我找到了学习之外的一个榜样，多了奋发意识。

这三本书，一本是情商的启蒙，一本是同龄人的学习启示，一本是名人传记的商业启迪。它们对我的改变并不是立刻发生的，而是在我心中埋下了种子，日后生根、发芽，长成参天大树，结出累累硕果……

若干年后的今天，回顾中学时我身处青春期的黑暗幽谷，孤独无助，于低谷徘徊五六年的那段时光，我学着向内探寻，仰望星空，与书为伍，叩问心灵，寻找答案。在今天看来，那却是一段宝贵的人生经历，极大地锻炼了我的逆商。

时间会证明一切。或许在成年后的我们看来，学生时代所谓的大问题根本不值一提。但当时却是真切地困扰我们那么深、那么久，简直是难以逾越的高山啊。

究其原因，不过是当我们心中的世界很小，问题就显得很大。而当我们心中的世界变大时，问题就会变小。

08 平凡而又伟大的父亲

父亲少言寡语,从小到大,很少对我耳提面命地教育,只是默默地支持我,关爱我。

他的性格有些像爷爷。本分纯良,工作认真负责;说话轻言细语,对朋友温润友善,对家庭尽心尽责,对我则始终是一位慈父,从来不会左右我的任何决定,总是无条件地给予我全部理解与支持。

父爱是一张用心织就的密密的网

小时候,母亲每个月给我 10 元零用钱。父亲总会在背后偷偷递给我二三十元,我说不用,父亲却坚持塞给我,对我眨一下眼睛,那意思是"拿着吧,这事就咱爷儿俩知道"!看我接过来,父亲便乐呵呵地走开了。

那时候每周一我都会起大早赶公交车去牛角沱,常常困得睁不开眼。父亲看在眼里,疼在心里,总是尽可能地送我去牛角沱。犹记得很多个早晨,父亲用大衣严严裹住我,把我背下楼,使我在温暖和黑暗中不受惊扰,能够美美地多睡一阵。半梦半醒间,我能听见父亲大口喘气的声音,感受到他强劲有力的心跳。

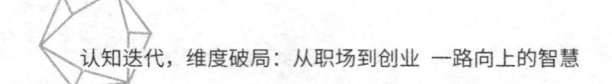

有一次，父亲出差一个月，他特地给我写了一封信；回来时还给我带了礼物——一套玩具赛车，共十辆，各式各样都有，令我惊喜不已。类似的惊喜，几乎每次父亲出差回来都有。

我和同学计划去昆明旅行，父亲不放心，特意抽出时间来陪同我们前去，让我们得以无忧无虑地畅游滇池、大观楼、石林等旅游胜地。

父亲的高光时刻

父亲曾经在四川省军区当兵，和母亲在部队认识。转业后父亲进入纺织局，工作两年后，参加了全国高考，考上了重庆师范大学中文系，圆了他多年的大学梦。

1987年，重庆市纺织局为顺应市场经济转轨，开办了经济公司，负责按照市场价格进行原材料和纺织产品销售。父亲被调到了经济公司，并在一年后担任经理（相当于总经理的角色）。

20世纪90年代初，国家叫停了体制内机关开办的企业，父亲又回到纺织局政策法规处，并在1992年参与了重庆针织总厂的破产工作。这在当年影响非常大，因为重庆针织总厂破产案是国家颁布实施《企业破产法》以来国内最大的国有企业破产案。

重庆针织总厂曾是重庆著名的国有大型企业，享有"西南针织王"的美誉，但因经营失策，盲目引进，缺乏竞争力，致使企业连续6年亏损。重庆针织总厂的破产，打破了当时人们心中的"铁饭碗"观念，凸显了国有企业改革的重要性。

有一年假期，我在家时看到父亲天天伏案写作，我问他写什么，他回答："写书！"这本书就是《重庆针织总厂破产纪实》，父亲是这部报告文学的作者之一。对于当时写作文都十分头疼的我来说，笔耕不辍还能出书的父亲，让我敬佩不已。

永远的包容与尊重

在父亲眼里，我是个不省心的皮小子：打架被处分，小考失利，生病住院，始终麻烦不断。

一次是在小区沙坑玩耍时扔砖头，我砸伤了一个女生的手指头，女孩父亲也是我母亲的同事。看着女孩血流如注的手指，我吓得不知所措。父亲正好在家，他赶紧带女孩去医院检查、包扎，很是折腾了一阵。回来后，父亲带我上门去给对方道歉。

事后，父亲批评了我，让我以后注意安全，不能伤害小朋友，也要注意不被别人伤害。

在父亲的陪伴教导下，我坚持练习了四年手风琴，并小有所成。在我因为读书压力大，时间紧，任务重，提出放弃练习手风琴时，父亲也没有逼迫我，而是尊重我的想法。

我还做过很多离经叛道的事，而父亲总是一如既往地给予我大海一般的包容。事后我也常常后悔，认识到自己的错误与任性。我知道父亲的包容和理解并非纵容和无原则的溺爱，只是父亲尊重我，愿意留给我充足、自由的探索和成长空间。

我与"富二代"失之交臂

20世纪90年代,我身边许多小伙伴的父母,逐渐变得或富有,或官运亨通。我去他们家玩时,经常看见别人送来的各式各样的礼物、玩具。但是在我的印象中,很少有人来我家送礼,父亲的职位也一直停留在"经理"这个位置上。

其实,父亲曾经也有机会飞黄腾达。曾有南下广东的老同事邀请他一起去深圳干事业,但因为母亲不愿举家迁徙,亦不愿一家人天各一方,最终未能成行。

另一次是1995年之后,父亲到公安部下属的物流服务公司——大通公司任职。由于公共关系良好,加上当时物流行业还不够发达,竞争不激烈,空运利润很高,公司迅速崛起,后来发展了海运、快件业务,且多为国际业务。父亲在大通公司同样任部门经理,因业务扩大,他去人才市场招聘了一个大学生。

几年后,这个大学生的业务逐渐熟悉,就辞职下海成立了自己的公司,也就是后来的ML物流,并做强做大。后来,大通公司被多次倒手,父亲转投ML物流。曾经的下属,变成了后来的老板;曾经的招聘官,变成了后来的打工仔。

母亲常说父亲胆子小,做事缺乏魄力,前怕狼后怕虎,但父亲总是不吭声,沉默良久。

因为这些事情,我始终没有成为"富二代"。

从怨怼到释怀

对于父亲,我曾一度有些怨怼,特别是在踏入社会之后,对他的关心,我不领情不说,还反驳:"光说这些有啥用?"在我看来,父亲既不能给我传道授业解惑,又不能给我提供好的社会资源或者资金支持。

若干年后,当我突然决定辞职创业时,遭到了全家人的反对。母亲说:"KK(我所入职的地产公司)发展那么好,你也沉淀了十几年,不要放弃这个平台和收入,创业太艰辛,风险很大。"

父亲却坚定地站在我这边,他对母亲说:"你就让他自己决定嘛,相信他!"

那一刻,我才幡然醒悟:这就是我的父亲。他虽没有让我成为"富二代",开局即通杀,但是培养了我独立思考的能力,使我自由探索,敢于试错,有担当,并懂得及时总结和反思,不断校正方向,大步前行,茁壮成长。

而我目睹了父亲在大通和 ML 任职时的起起落落,意识到不同人的命运因选择不同而形成的强烈反差。自那时起,我心里便埋下了创业拼搏、主动出击、改变命运的种子。

父亲眼里"永远的小孩"

如今,父亲已年近古稀。看着回归田园莳花弄草的父亲依然那么优雅帅气,我始终有些不习惯。童年的影像一幕幕闪现,在昆明的大观楼,父亲抱着穿小号军装的我一起开怀大笑;父亲抱着胃出血的我，奔向急救中心；父亲用他暖和的大衣包裹着睡眼惺忪的我，稳稳背起，赶着去搭乘公交车，任凭睡得酣甜的儿子的口水混杂着他的汗水浸湿他的背心……

时间回到父亲刚退休的那年9月。有一天我生病，嗓子说不出话来，开会时终于可以心安理得地沉默，安安静静地聆听别人的发言。父亲正巧给我打来电话，听到我嘶哑的嗓音，心疼却不善于表达，只好借用妈妈的名义给我发了一条短信："你妈妈叫你先去药店买点治喉咙的药吃，不行的话我们明天带你去医院看医生。要注意保重自己的身体！"

那时我已是三十好几的人了，可是在他心中却永远是不会照顾自己的小孩。看到父亲这条小心翼翼却饱含关怀与慈爱的短信，我虽口不能言，心中却已哽咽失声。

不久我的儿子又生病发烧了，父亲发过来一条信息："添添有什么事要随时打电话告诉我们，我退休后的主要打算是照顾好孙孙，尽量给你们当好后勤。"此刻我才恍然发觉，我没有刻意隐瞒，也没有主动告诉父亲他小孙孙的情况，对父亲来说，仿佛是欺瞒和不信任。

时光轮转向前，我突然发现：怎么回事？父亲居然退休要以照顾孙子为主要任务了，而我也从当年被爷爷举马马肩的"小豆丁"长成了为家人撑起一片晴天的顶梁柱。

初为人父，我决心要成为一个像父亲一样对子女无限包容和慈爱的好父亲。

CHAPTER 2

机遇来自再多一次转身

01 血色千禧年

16 世纪，法国籍犹太裔预言家诺查丹玛斯在他著名的预言集《诸世纪》中的最后一个预言是：1999 年人类将面临空前的劫难。显然这一预言最终没有实现。那一年倒是发生了几件大事，如中华人民共和国成立 50 周年大庆、北约轰炸中国驻南联盟大使馆，以及澳门回归。

人生的第一个分水岭

于我而言，那一年我正面临着人生第一个分水岭的到来——高考。作为一名高三学生，每天到校，从早自习 7:20 一直埋头苦学到晚上 9:30，10 点到家后还要继续学习至凌晨 1 点，几乎每天如此。一周上课六天半，只有周日上午休半天可以回家，中午返校又开始一周的疯狂复习。

走进重庆七中高中部的风华楼——一栋新修的回字形的枣红色教学楼，往教室里看去，高三的学子们，把头扎进由课本、习题集、笔记本、课外辅导书筑起的高高的"围城"里，无一例外都投入到题山卷海的战斗中。站在讲台上，是看不见学生脑袋的，只能看见那一排排的"知识城墙"。

每天伏案十几个小时，密集的人群、狭小的空间、稀薄的空气，正青春年少的我们时常感到头昏脑涨：累了，就趴在课桌上打个小盹儿；醒了，继续刷题做试卷。下课偶尔走出教室，透过回字形天井上方四角的天空，凝望着天上的云朵被风送向远方，仿佛自己也成了天边的那朵云。

那个年代，优质高等教育资源稀缺，高考就是传说中的千军万马过独木桥。上到父母、老师，下到莘莘学子，所有人都深信：冲过去，挤进一所好大学，就是出人头地！

理由正当且充分的疯狂

虽然每天"三点一线"的生活使我们一个个成了"学习机器人"，但是正值青春热血的我们，压抑下总会找到宣泄口。譬如，那时候最兴奋的事情，莫过于遇上学校停电。

每当晚自习，教室里只余春蚕啃食桑叶一般的笔尖划过纸面的沙沙声，同学们于题山卷海中鏖战正酣，突然眼前一抹黑，空气会在前三秒陷入沉寂，紧接着，整个教室会如炸开了锅一般：呼喊声、口哨声、欢笑声、尖叫声，在漆黑的夜幕掩护下，陡然响彻教学楼内外，冲出天井，直上云霄。

接着，同学们奔向走廊，聚集到栏杆边，敲饭盒、拍栏杆，唱歌呼喊，各种互动，一直折腾到再次通电，光明重现，才偃旗息鼓，回归四角的"知识围城"。这短暂的漆黑所带来的疯狂释放，大伙儿一致认为理由正当且充分，而且法不责众——事后校长和老师也不会刨根究底。

重重压力之下，老师们也会对同学们进行思想开导。记得有一次，教物理的刘老师语重心长地对我们说："中国人口这么多，如何选拔人才、匹配资源？高考是最有效、最公正的方式。高考考验的是学生的意志、品质、自律、时间管理能力，以及在统一规则下考查学生对知识体系的学习能力。是苦，是累！但这就是现实的社会规则，在较长一段时间内无法改变。既然无法改变规则，就只能尊重规则、利用规则，做出最佳选择。"

学习的目标感和危机感

我是上了高中以后才开始全力以赴地学习的，因为有了目标和危机感：考进重点大学，实现对爷爷的承诺，不辜负父母的养育和期待，以及为自己的未来铺好路。

这种执着，是非常纯真和笃定的。

作为理科生，我们当年高考考五个科目：语文、数学、英语、物理和化学。我成绩最好的是物理，而物理成绩好居然是因为一次被误解事件的刺激。那是高一的时候，某次物理考试题特别难，我却考了高分，物理老师怀疑我作弊。后来虽然误会解除了，但这次事件却极大地刺激了我：我下决心发愤学习，一定要每次都考高分！于是，我的物理成绩异军突起，成了五门功课里学得最好的。

化学和数学还行，最弱的是语文和英语，当然还有政治，好在政治不纳入理科生高考成绩。

对于语文，那种学语法、概括段落大意和中心思想的课上教学，令我兴趣全无。但稀奇的是，成年之后我却逐渐爱上了阅读和写作，前者是知识和思想的持续输入，后者则是内化为自己能力后的创造性输出。正因如此，原本不善言辞的我，借由文字表达，居然催生了极其强烈的表达欲。可见，兴趣真的是最好的老师。

而对于英语的学习，也说不上兴趣，而是奔着应试去的。从《走进清华北大》这本书里，我借鉴了许多学习方法，比如做单词卡片，利用碎片时间记忆，经常用随身听听《疯狂英语》《新概念英语》。甚至我还把英语单词打印出来贴在床边，随时随地看一看，就像幼年时在上新街家里看墙上贴的水浒108将的贴画那般。

一次又一次突破体能极限

此外，我在高三还加入了校田径队，因为如果拿到国家二级或者三级运动员证书，高考可以加20—30分！

每天下午下课后，我就会换上田径服来到操场训练，一开始练习的是跳高，因动作始终无法做到协调，后改练短跑。因我从小就打下了运动基础，所以对训练充满了信心。

当然，训练也很苦，用深蹲来训练大腿、小腿的力量，来回做短跑冲刺，或是多次进行400米短跑，以此来锻炼心肺功能。每次都要突破之前的上限，许多次都练得想吐。

那段岁月，生活的一切都围绕高考展开，这是当时的我唯一的生活重心。

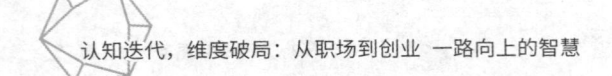

医生给我下达了病危通知书

随着诺查丹玛斯的恐怖预言宣告破灭，计算机"千年虫问题"被妥善解决，新世纪的钟声敲响，全球欢庆，人类迎来千禧年。

这一年，我上高三，大约需要步行20分钟到学校。有一段时间，每次下课回家的路上，我的肚子都会隐隐作痛，但饭后这种疼痛就会缓解、消失。因为学业繁忙，我没有重视。

高三上学期期末考试结束后，我们班和文科班相约踢一场球赛。那天很奇怪，作为主力上场的我，不知怎的总是感觉喘不过气来，跑不动。

回到家后，我的精神状态非常不好。第二天我和父母去解放碑吃老四川牛肉汤锅，吃完饭专程去雅兰电子城买了一张哈里森·福特主演的《空军一号》影碟回家观看。看到一半时，我感觉浑身乏力，四肢绵软，索性关电视回房休息。睡到半途，肚里翻江倒海般难受，我爬起来叫父母，就在我起身来到客厅的刹那，突然眼冒金星，紧接着眼前一片漆黑……

当我恢复意识的时候，已经躺在父亲怀里。我睁开眼，看见地面一大摊血，这是我刚才晕倒时的呕吐物，鲜红的血液里夹杂着尚未消化的牛尾肉。父母合力抱我到卫生间简单清洗后，父亲随即背我下楼，开车送我去急救中心。

这次去医院，我做了两次胃镜，深黑粗长的胃镜管插进咽喉，我作呕不止，眼泪横流，不是害怕，而是太难受。更倒霉的是，因为我反应太厉害，胃里杂质太多，这两次检查始终找不到出血点,无法断明病由。

母亲赶紧将我转到消化内科最权威的第三军医大学新桥医院,刚入院,医生就给父母下达了病危通知书:我的血红蛋白低于正常值,严重失血,几乎有生命危险。医院当晚立即决定给我输血400毫升。

母亲无比担忧,在病床边陪伴了我一宿,彻夜未眠,观察我是否出现血液排斥反应。第二天一早,我还要去做胃镜,而胃镜几乎成了我的人生噩梦。好在经过20分钟的反复折腾,终于在胃窦一个隐秘角落找到了出血点,诊断结果为胃溃疡。

回想起此前的生活,学习压力太大,整个人长期处于焦虑和敏感状态,且长期睡眠不足,这些都是胃溃疡的诱因。

那个寒假,我几乎都在医院度过,住院十余天,晚上要用热水泡手,因为两只手惨白泛黄,毫无血色。这是我人生的第一场大病,此后,我开始了养胃。都说胃病是富贵病,要靠养,少吃多餐,不吃辛辣,我也因此吃了几年的"软饭"。

出院时,我的血红蛋白数值有所恢复,但仍然处于低位。母亲专程拜访了一位重医(重庆医科大学,简称"重医")血液科老教授,为我制订生血方案。因此高三下学期,我既面临升学,又需要生血,即每周去医生家注射补血针药。针药富含铁离子,注射进臀部肌肉,满满的酸胀痉挛感,酸爽无比,我也算是对化学中的铁元素又多了一层理解吧。

待身体进一步恢复后,我瞒着母亲,继续参加田径队训练,并且去大田湾参加田径运动会,以12秒4的百米短跑成绩获得

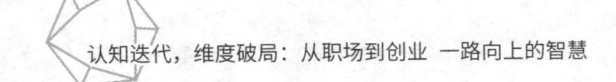

了国家三级运动员证书。

假若再次出现小考差分那种情况,这20分的高考加分就是我的后盾。

用壮美青春下一场"大雪"

高考如期而至,走进考场前,我深深地呼吸,想象太阳从地平线升起的场景,想象耳边回响着海浪波涛声,用冥想让自己平静下来。

寒窗苦读数年,是一朝得意上青云,还是名落孙山空蹉跎?拿到试卷的那一刻,我知道决定命运的时刻到来了。

那年,高考还是提前填报志愿,第一志愿至关重要。各学校分数线不同,想要上理想的学校,仅仅是成绩过了对方的分数线还不行,必须是第一志愿。学校会在报这所学校的所有人中,择高分录取,而你必须恰好在录取名额内,否则就只能将一切交给命运:服从调剂。

高考当天的状态、外围的干扰、临场的发挥、志愿的选择,都会成为成功的关键。所以,高考更像一场实力和命运的对决。究其根本,这是人生的第一场大通关。

终于结束了。我们从异地考场出来,回到班级教室,有的同学拿出书本和习题集,全部撕成碎屑,就如同把这段艰辛岁月撕得粉碎。纸屑从过道护栏、窗边飘散出去,和着花季雨季的泪水、汗水、血水,像雪花般纷飞、翻滚,反射着耀眼的阳光——那是这群年轻的生命,用壮美青春下的一场"大雪"。

一个月后，我站在一部公用电话前，拨打查分热线，听筒里传来结果：554 分。我如愿以偿地考上了第一志愿——重庆大学经济与工商管理学院。

夙愿得偿，多年努力终成正果，我第一时间把好消息分享给父母，也在心底告慰亲爱的爷爷：爷爷，我做到了……

02 神奇治愈的魔药

高考的成功给了我极大的慰藉和自信。

一段新的征程缓缓拉开序幕,但我心中却怅然若失。

回望过去,长期紧张、焦虑、敏感、睡眠不足,繁重的学业使我处于亚健康状态,甚至得了一场重病,濒临死亡。

站在大学校门门口,我一米七七的个子,体重不到120斤,瘦得像根晾衣竿。

如果人生是不断跨越一座又一座的高山,那么一次登顶成功后,紧随而来的就是长期紧绷又突然松懈后的疲惫与茫然。

也有人说,人生就像一个圆,我们一开始都不完整,在人生旅途中,不断寻找缺失的部分,遇见一个又一个线段,拾起它,加入自己的圆,直至圆满。

大学期间,我觅得三条线段,让自己逐渐趋于圆满:爱情滋润出的自信,兄弟友情注入的乐观,以及担任学生干部、多次通过学习考证、锻炼壮实体魄等获得的成就感。

在最美的年华邂逅最美好的她

爱情拥有神奇治愈的魔力,很幸运,我在大学那段最纯真的花样年华里,邂逅了最美好的她。

那是开学报到第一天,重庆的初秋依然闷热,树上的鸣蝉与荷塘中的青蛙不停地鸣叫着,极尽所能挽留夏天的脚步。再过几天,我将迎来自己 19 岁的生日。

新生报到的第一件事是去拍摄一张入学登记照。地点在一座叫"饶家院"的古色古香的三进四合院。

饶家院始建于清咸丰十年(1860 年)。光绪二十八年(1902 年),饶家院主人饶冕南与幼子饶道源同时赴成都参加乡试,结果父子俩双双考中,成为同榜举人。近百年来,许多名人都曾在此留下足迹,荣获诺贝尔物理学奖的科学家丁肇中,童年便在这里度过。

我来时,天井里已经有许多同学排队,排在我身前的,是一个穿着浅红色坎肩的女生,齐耳的短发,在阳光的照射下,折射出深咖色的光泽。

队伍前行缓慢,我碰了碰女同学肩膀,搭讪道:"同学,你也来拍照吗?"

她转过头来,大大的眼睛,圆圆的脸庞,如春日盛开的桃花一般明媚典雅。她微微点了点头,似乎又有一点高冷,并不接话。

我又问:"你是哪个专业啊?"

"信息管理。"

"啊!这么巧,我也是。"居然是同一个专业,我心里一丝激动荡漾开来,但是面上很稳重,毕竟那天母亲陪在我身边,而女孩的身旁也站着一位女士。那应该是她妈妈吧?我还是稳

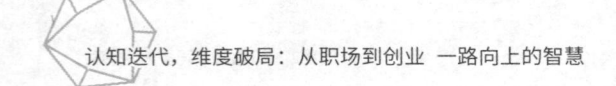

重一点比较好。

当天下午，全体同学到校学生活动中心正式报到注册，我帮班级辅导员赵老师张罗迎新，再次看见那个女孩款款而来，心中激动，自然主动上前打招呼。这一次，我知道了她的名字——萌，真好听！而且幸运的是，我们被分在一个班——信管一班。

一曲共舞与君同

开学的头一个月，全年级新生被拉到某部队营地开展军训。男生营和女生营被大操场分隔开。同学们来自全国各地，说着五湖四海的方言。每个人的眼神都是那么青涩纯真，对大学生活，有着无限的憧憬和渴望。

教官大多与我们年纪相仿，却拥有长者风范，对我们甚是威严。从早到晚的军训，让我们异常疲惫，每个人都被晒成了煤球。

到军训后期，学校开始筹备迎新晚会，每个班都要出节目，我们信管一班的节目是一支舞蹈，需要三男三女。我中学时有舞蹈表演的经历，又加上颜值在线，所以被选入其中。每天晚上，我和另外两名男同学，走过操场，到女生营和三名女生一起练舞，其中就有萌。

我们因此有了更多交流，她也不再冷淡。交流中发现，我们居然是同一个星座，生日只相差一天。我开玩笑地说："今后我们的生日可以一起过。"

流光岁月里那一缕清香

大学不单是一段新的学习旅程，更是一种全新的生活方式。你可以自己安排生活和学习的节奏，想学什么，想做什么，如何度过每一天——甚至也可以什么都不去想，任时光自然流淌。

时间突然充裕起来，那也是我一生中最自在的一段时光。上课、看电影、滑旱冰、备考英语四级，白驹过隙，倏忽不觉，第一学期很快结束了。

寒假如期而至，我约萌外出游玩，她很爽快地答应了。我们登上海拔345米的枇杷山。相传从前山上住着一位美丽的姑娘，每晚弹着琵琶呼唤她在南岸的爱人。琵琶声激越动听，加之山上种植了许多枇杷树，因而得名"枇杷山"。

在枇杷山公园山顶的红星亭，我和萌并肩而坐。徐徐山风仿佛送来枇杷的芬芳，俯瞰嘉陵江、长江，江水静谧流淌，远处高低错落的楼房，在薄雾的笼罩下，只余朦胧的轮廓，滨江路上车水马龙，划过一道又一道流光……我缓缓抬起右手，轻轻地挪动到萌的肩上，心却怦怦跳得厉害。

萌没有避开，我触碰到她温暖的指尖，她慢慢将头靠在了我的脸侧肩窝，我闻到她发丝里散发出的阵阵清香。

那一天的枇杷山，见证了我甜蜜初恋的开始。

03 特殊的爱语 "2000 in 2001"

那时的学生,情感的表达依然含蓄,喜欢用数字密码,如"530"(我想你),"520"(我爱你),以及增强版的"5201314"(我爱你一生一世),无需开口,数字传情。

我觉得"520"太俗,给萌发去了一条"2000 in 2001"(谐音:爱你你你在2001年),我想她会懂,这算是我的第一封情书。此后每一年,我们都会互发"2000 in 20××",这是属于我们俩的特殊的爱语。

我们的第一个情人节,我特意耗费"巨资"从花店订购了520朵玫瑰花,让花店送到她的寝室。随后我从电话那头,听见了一群女生的尖叫声。萌捧着520朵玫瑰,拍了一张幸福的照片给我。

甜如蜜,蜜里甜

恋爱是甜蜜的,回忆里处处是蜜糖的香气。

植树节那天,春暖花开,阳光明媚。我们去南山共同种下一棵榕树,并在树根下藏进一枚硬币(作为标记),再倒下满满一盆水,我们期待这棵爱情之树茁壮成长,枝繁叶茂。

夏天,重庆大学的柏油路总是被老黄桷树巨大的树冠张开臂膀呵护着，金色的阳光从树缝里穿透而下，在空中形成一道道光柱，投向地面，变成一枚枚暖白的印章。

我骑着自行车在校园中飞驰，萌则坐在自行车前杠上，发丝飘动，倚在我的双臂里。光影穿梭映照着我们灿烂幸福的笑容，这一幕像极了当时最火的青春偶像剧《将爱情进行到底》中的场景。

我们几乎每天都从早到晚腻在一起。

白日里，我背着两人的书包，和萌一起上课；课后一起去学生食堂吃午餐，共刷 IC 校园卡，共享美食。萌的饭量很小，常常将吃不完的米饭交给我消灭。

晚上，我们走在五号或者八号教学楼的走廊，推开一个又一个教室的门，直到找到一前一后的空座位（这样我们既能认真学习，又能一抬头、一回头间望见彼此），这才双双落座上晚自习。

晚自习结束后，我们尽可能地绕远路走，或经过中山林，或从重大的滨江路手牵手漫步在月光下。我通常掐着宿管阿姨关门的时间，把她送回女生寝室门口。

大一时，男女生同在一栋宿舍楼——新建好的六号公寓，出入口各自分开，由管理宿舍生活的伯伯和阿姨各自认真把守。萌的寝室在三楼，就在我的寝室 525 斜下方。

我特地买了一个 MP3，16M 的内存能装七八首歌，为萌精选音乐拷贝进去，如杜德伟的《情人》，还有她最喜欢的王菲的歌。兄弟们军训的背包带都没扔，我寻了来，系上结连成长绳，

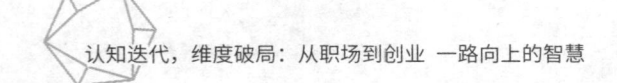

按捺住怦怦乱跳的心,毛手毛脚地跑到隔壁寝室,挂上篮子将 MP3 放下去。萌收起 MP3,放回一些零食,我再把篮子拉上来,同寝室的兄弟们就跟着享享口福了。

人生八苦之爱别离

深秋的山城开始变得灰蒙蒙的,太阳总是被厚厚的云层挡在身后。诺基亚 8210 流行起来,这是那个时代的经典款,我们各自买了一部,我选的宝石蓝,她的则是辣椒红。

9 月 11 日夜,重大宿舍楼内爆发出一阵阵叫喊:美国发生举世震惊的"9·11 恐怖袭击事件",在熊熊烈火燃烧一个多小时后,两栋摩天大楼相继倒塌,遇难者近 3000 人。

而我的爱情大厦,也即将面临剧烈考验。

萌的家离重大不远,她父母偶尔会让她回家吃饭。某天她晚饭后返校,约我一起去上晚自习。汇合后我依然像往日那般,牵着她的手前往八号教学楼。见她神色恍惚,似乎有心事。我问她怎么了,她起初不语,我追问了好一阵,快走到八号教学楼前的草坪时,她才缓缓地说:"我可能要去国外读书……"

仿若晴天霹雳,我一时没反应过来!

"怎么回事啊?"我穷追不舍地问。

萌缓缓抬起头,略带忧伤地说:"其实我父母一直希望我出国,从高中的时候就在准备手续了。今天回家我妈对我说,手续应该快办好了。"

我的心情顿时跌落谷底,浑身松软,再也无力迈开步子去教室。身边人来人往,细碎的步子,将地上的阴影踩踏得几近深黑。昏黄的路灯下,一团嗡嗡叫的细蚊密密麻麻地搅动着沉闷的空气。

好半晌之后,震惊、失落、压抑、愤怒、无助、期待一股脑地翻腾上来,我问她:"那我们怎么办?"

"我也不知道,我也舍不得你。"她的大眼睛不再似往日那般欢快和无忧无虑,而是担忧地望着我。

"为什么非要出去,就在国内不好吗?我们在一起不好吗?"我开始对国外的学校充满敌意,它们为何要剥夺我的爱?

"唐唐,我也没有办法,这是我父母一直以来的希望!"

"你想去吗?"

"我也不知道,也许想吧,出去应该有不一样的收获……"

我不愿放弃,继续劝说道:"不去吧,告诉你妈妈,说你就在国内读书。"

萌轻摇着头,垂下眼睛,视线似乎停留在旁边的草地上。

拿什么留下你,我的爱人

那一夜,在八号教学楼前的草地上,我抱着她痛哭,说了很多话,使尽浑身解数、用尽各种理由挽留她,希望改变她的决定。那夜的我就像黑夜里迷失在野外森林中的孩子,那么无力,任凭泪水淌尽、口水说干,也无法改变萌——更确切地说是无法改变她家数年来的计划。

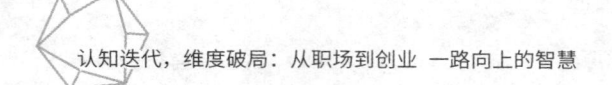

我们在草坪的长凳上坐到深夜,直到寝室熄灯,我把她送回宿舍楼下,敲了好一阵门,宿管阿姨才开门让她进去。

太平洋那端的城市,对于我们来说是那样陌生,又是如此遥远。爱情有两个天敌,一个叫时间,一个叫距离。倘若分离在两个半球,那么时间和距离这两个敌人,就同时阻挡在我们之间。从此我俩是否将永远天各一方,再也无法拥抱在一起?校园里的甜蜜浪漫,是否也将永远尘封为大学初恋的泛黄回忆,在晨间或者夜色落幕后,时不时地刺痛心脏?

日子仍要继续,我们依然在一起,每天同进同出,同行同坐,我时而开心,时而担心,时而甜蜜,时而恍惚。

萌若即若离,我们的爱情堤坝被蚁群啃噬出一道口子。我的天空也蒙上了一层淡淡的灰,就像一个犯人,在惶惶不可终日间,等待正式宣判的到来。而我——除了祈祷和回避却无能为力。

此后,每当她的留学手续有新的进展时,我都会多一层焦虑,多一分不舍。我和萌又会在那个夜晚,争执,焦灼,拥抱,接吻,哭泣,沉默。有一次在德克士餐厅,讨论到这件事,我们甚至都无心触碰鸡腿和薯条,结果那天准备离开的时候,萌的诺基亚 8210 找不到了。

屋漏偏逢连夜雨,船破又遇打头风。原本因即将天各一方而忧郁的心,更添沮丧。

04 孤单北半球

这一天终究还是到来了,萌飞去了太平洋彼岸那个美丽又多雨的城市——温哥华。

国航的飞机像白鹤般冲上蓝天,消失在云层里,只留下一道长长的气流。

半小时前,萌穿着浅绿色的薄夹克,对着我和她的父母浅浅地笑,大眼睛里蓄着泪水,却不愿让我看到。

最后的告别和拥抱后,她转过身去,推着大行李箱渐行渐远,身影愈发显得娇小。

我不敢哭,虽然很想,但是我忍着泪,直到看不见云中白点似的飞机,泪水才潸然滑落。

那时候,时光慢,一生只够爱一人

因为离别,时光慢了下来,我们有了更多记忆可珍藏;因为离别,时光快了起来,我们贪心地想要抓住在一起时的每一分每一秒,哪怕最后证明是徒劳。

半年前的冬季,我带着萌到了仙女山,大雪纷飞中,我们尽情欢笑;雪地里,我们滑倒后紧紧相拥。我们堆起一个雪人,萌说很像我。小木屋里暖暖的火堆旁,我们亲密地依偎,成为

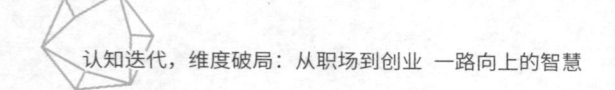

彼此的全世界。

我们一起看完了萌喜欢的所有电影:《玻璃之城》《下一站天后》《纵横四海》《肖申克的救赎》……

我怕没有我在的日子,她的小手没有大手呵护取暖,为她买了一双黑色皮手套。

我怕重大长长的楼梯会让她摔倒,晚自习后,我背着她上下,这样我也可以离她的胸口很近很近,确认和传递着彼此的心跳。

我们相约自习时不看对方的眼睛,认真学习,这样就都能取得好成绩。

我写了很多封情书,想要用文字永久地保留我们的爱情,最好五千年那么久。

我允许她挠我的胳肢窝,叫我早产儿,嘲笑我虽然瘦,肚子上却有倔强隆起的赘肉。

愿甜蜜的回忆驱散你的孤寂

我为她亲手搭建了一艘爱的帆船,无论海洋多么辽阔,都可以陪伴她驶往心灵归宿的彼岸。

我做了许多许多的努力,背后的小心思,除了让自己暂时忘记她即将去到遥远的国度,甜蜜每一天,最好也可以让她忘记,或者改变决定。

如果最终的结局无法改变,至少这些甜蜜的回忆,不会占用行李箱空间,可以让她如数带到异国他乡,驱散她的寂寞、孤独，给予她温馨的陪伴。

萌走了，重大校园里，熙熙攘攘那么多人，我却感觉，只剩我一个。

我们说好只要她一落地就给我打电话报平安，可是20多个小时过去了，我依然没有接到她的电话，手机一直充着电，可是它却像睡着了似的，毫无动静，一声不吭。

第二天夜里，疲惫至极的我睡着了。手机铃声忽然响起，我立刻接起电话，那边温柔熟悉的声音传来："唐唐，我到了，飞了十几个小时。这边的homestay（家庭寄宿）来接的我，是一个菲律宾籍阿姨，住在她家里。我没有电话卡，刚刚她带我去超市买了些东西，然后买了电话卡。我好想你！"

"萌，我也想你！没接到你的电话，我心里好不踏实。我不在身边，你要好好照顾自己，千万不能亏待自己。吃饭了没有？你答应过我的，不能不吃饭，不能饿肚子，是不是？"

错位时空里，我们相思成灾

她第一次在学校给我写信，那时她还没买电脑，只好用学校的电脑，没有中文输入法，她就用拼音写。当我逐字逐句拼读完，只余心酸和感动。

寝室的兄弟替我唉声叹气，摇摇头，带着残忍的语调安慰我："这么远，多半没戏了！看开点，不要在一棵树上吊死！"

几个月后，萌终于买了笔记本电脑，那时候QQ还没有通话功能，更别说视频了。我们像找到宝贝一样，发现了一款名为 Skype 的国外即时通信软件，用它可以实现视频通话。我们可以面对面手比心，并且将两个对话窗紧贴在一起，向着同一方向转头，这样在彼此的镜头里，我们朝着同样的中心线，然后双唇靠近对话窗边缘，紧紧贴在一起。

唯一不同的是时间，重庆和温哥华时间相差 16 个小时，我们总有一方在夜里，另一方在白天。另一个困难是当年的网速比蜗牛爬行还慢，时不时就会掉线。

再远再难，我们始终牵挂彼此。我的心情，会随着她的境况起伏而潮起潮落。

有时她告诉我："现在我才知道思念是这么让人无奈。温哥华的景色很美，特别是夜景，无数的点点星光，很浪漫。虽然别人都这么说，但是没有你在身边，我一点儿也没有这种感觉。想起我们以前在一起的一些事，现在只能出现在梦里，笑着睡去，哭着醒来。"

过一阵子，她说学会做饭了："最近开始精心为自己准备吃的，因为想着要你和爸爸妈妈放心，即使厌烦了也不能随便，每天想着法地变换做法，这样就不容易烦。也知道了怎么调节自己的状态，把心态放平了，做事也不那么慌张了。参加了学校的一个志愿者协会，认识的人也多了起来。周末的时候我可以和同学之间互相走动一下，不至于太孤独。虽这样，一到晚上还是很想你。在网上看见四个字叫'享受寂寞'，才知道原来寂寞也是可以用来享受的东西。其实唐唐和我都一样，没有对方在身边，肯定觉得心里很寂寞，只有把寂寞当成一种享受，才能让自己好受些。唐唐,等我们走过眼前的困难,就可以鄙视它们了!用那个动作。"我知道她说的是双手拇指和食指成直角向下——鄙视困难。

又一年的情人节,萌写信道:"面对分别,我们选择了不放弃,虽然隔着太平洋,电流依然可以传递温暖,爱情依然可以累积。在枇杷山上,萌萌问唐唐爱一个人可以爱多久,唐唐回答是永远,要是问萌萌一样的问题,她也有一样的回答。"

虽然远隔重洋,但我们依然会分享彼此身边发生的事、见到的风景,跨越时空一起看好看的电影,听希望对方听得懂的歌。

她给我放《亲爱的你怎么不在我身边》,我则给她放《孤单北半球》。

类似这样的旋律,还有书信、聊天、电子邮件、梦里话、心语、眼神,在分别的七年时间里,跨越深蓝广阔的太平洋,抵达彼此的心间,成为抗衡时间和距离的强大力量。

因为爱情,由内而外的蜕变

我的大学生活,谈了一场轰轰烈烈的恋爱,又从校园蜜恋到跨国苦恋,算得上是轰轰烈烈。在爱情的摔打磨砺下,大学四年,我改变了许多。

自主安排和设计生活,自由恋爱,中学时的容貌焦虑和升学焦虑,这些随着高考和爱情的双丰收皆消弭于无形,我整个人自信开朗了很多。

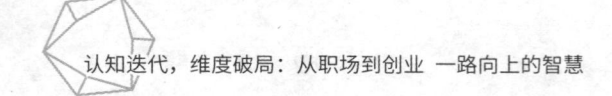

大三时，我买了 5 公斤重的哑铃，每天晚上穿着 30 块钱的背心在寝室撸铁，做俯卧撑。撸完后，吃上两片夹黄油和番茄酱的吐司面包补充能量，然后看一部电影，或是看看书，静等肌肉附身。

从前我体重不到 120 斤，非常瘦弱，一直以为自己就是瘦子的基因，怎么吃都长不胖。但撸铁让这一切改变，加之大学期间睡得好，吃得多，练得勤，大学毕业时，我已经拥有肩宽腰窄的倒三角形身材，手臂上全是流畅的肌肉线条。当然，不是蛙腿那种，而是健康匀称。

我还改变了发型，在后脑勺留起了巴乔似的小辫，把它染成金色，看上去很酷。

05 奠基石——大学时的三大收获

人并不是完美的,一路走来,所有的努力,不过是让自己接近完美。

正如我的大学生涯,除了自由随性——恋爱、逃课、挂科一个不落,也有积极、奋起拼搏的一面。如前文提到的撸铁健身,不但彻底改变了我的形象,也改善了我的身体状况。

孤独是我向上的原动力

此外,大一通过英语四级考试,大二通过计算机二级(C语言)考试,大三因为恋爱从线下转移到线上、从本地转移到国外,饱尝相思之苦之余,化悲愤为力量,一气儿通过了英语六级以及计算机三级(数据库)考试,甚至还在大三寒假时报名参加了北京新东方的托福班。

在新东方北京圆明园学院,教我们英语写作的老师,正是后来被称为"中国比特币首富"、著有《把时间当作朋友》并在得到 APP 开设"通往财富自由之路"专栏的李笑来。他用几个月的时间闭关突击英语,GRE(留学研究生入学考试)获得满分。据说出关之后,他意外地发现:"咦!怎么人这么大?"(闭门数月复习,长期盯着小小的英文单词所产生的错觉)

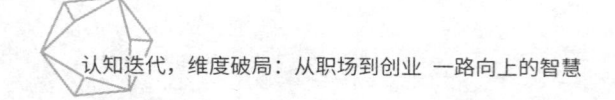

李笑来老师的这个故事大大激励了我。新东方学习归来后，SARS病毒引发疫情，停工停学，学校宣布封校，我们全都被动地进入闭关学习状态。

闭关的"成果"，是我大三下学期又挂了两科，分别是市场营销和管理学，与此前的概率论与数理统计形成稳固挂科的铁三角。

吊诡的是，若干年后，和我一起转班挂科市场营销的同学，到一所民办高校教授市场营销课。而我则成为上市房地产公司的营销高管，后期成功创办公司。前者需要过硬的市场营销技术，后者需要成熟的管理方法。所以这两门学科，从学分来讲是挂了，从现实来说没挂。这算不算理论的矮子、行动的巨人？

组织能力的锤炼

大学还有一项真正的收获，那就是对自身组织能力的锻炼。

入学时我就积极参与院团活动，大一大二时，我组织并参加迎新晚会，加入学院文艺部、秘书部。大三时，我参选并当上了学院团委副书记兼素质拓展部部长。各院的团委书记由老师兼任，副书记是学生在学院团内任职的最高职位。而素质拓展部就是组织各种活动让同学们参与，如各种创业活动、校内外活动以及校企联动等，提升其综合素质。

任职期间，除了组织迎新晚会，我还参与组织了"新生风采大赛""迎接党的十六大系列活动""党史、校史、院史知识竞赛""中国经济五十年图文展""'ICM杯'经管院足球赛""学院辩论赛""企业管理模拟挑战赛及模拟股市大赛"以及"新世纪管理论坛"。其中"新世纪管理论坛"邀请了国内外经济管理知名专家学者,如张五常等,来学院开展讲学活动。

组织活动的过程中,我必须链接校内外大量的资源,统筹安排活动流程和人事。每一次活动就是一个项目,涵盖主题定位、时间铺排、内容分解、要素清理、人员分工、会议沟通等,我会做好规划、执行以及事后的总结。我运用目标管理和过程管理相结合的方法,成功组织和举办诸多活动,大获好评。

这种资源的开拓、视野的开阔和项目管理能力的锤炼,不仅对当时的我大有裨益,对于后来进入企业的我能游刃有余地进行项目统筹,也功不可没。

我们每个人都是自己生活的制片人

大学四年,我还悄悄圆了一个梦,那是我从小就有的电影梦。

小时候生活在上新街电影院对面,耳濡目染,我与电影结下了不解之缘,曾经梦想当导演,可以导演故事,表达情感和对生活的理解。后来,我不甘心梦想仅止步于梦,便开始有意识地设计自己的生活,成为自己人生的导演,既活在现实,又超脱于现实,以电影之眼审视生活、思考人生。

大学期间,我看了不计其数的电影。文艺片是我的最爱,我喜欢那种娓娓道来的叙事风格,或平静如水中夹杂着心酸,或超脱现实充满着离奇,如《天堂电影院》《海上钢琴师》《低俗小说》《剪刀手爱德华》《楚门的世界》。我偏爱的导演有朱塞佩·托纳多雷、昆汀·塔伦蒂诺、蒂姆·伯顿、吕克·贝松以

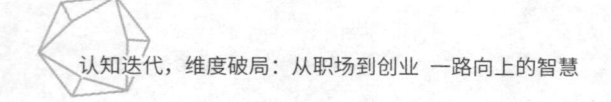

及台湾的侯孝贤。

2003年，父亲送给我一台索尼DV摄像机，从此，我用它记录生活，并学会使用studio等视频非线性编辑软件。

记得某天，重大民主湖旁出现一男生，为了向心仪的女生表达爱意，在民主湖畔点亮数百只蜡烛。我马上拿起DV全程记录了下来：男同学满怀深情地对着湖水说："点亮不了你的心，我还点亮不了整个民主湖吗？"不知道那位女生有没有被感动，但我录制下来的视频确实在校园里引起了轰动。

台湾诚品书店的御用文案女神李欣频，在她所著的《十四堂人生创意课》里提到，电影可以用五种视角欣赏体验：一是观众，随着剧情跌宕起伏或喜或悲，感受整个故事的缠绵悱恻；二是演员，把自己投影到其中某一个角色，与他/她共情，融入故事里的人生，从而拥有更深刻的人生体验；三是导演，可以锻炼我们讲故事的能力；四是摄影师，这是美学视角，追求画面质感，包含机位、镜头、光线、角度、长短等的运用，会带来不同的画面叙事感，构图、捕景、用光，锻炼我们的审美能力；五是编剧视角，故事怎样发展，导向什么结果，这既决定了故事的节奏和走向，也凝聚了每个人对生活、对人生、对世界的思考，展现了自己的价值观维度。

我们每个人都是自己生活的制片人，当我们拥有了五种视角，便会拥有更加完善的人生视角，提升自我认知能力，也会更加热爱和尊重生活——带着艺术的率性，去拥抱生活，活得艺术，艺术地活。

06 我不要一眼望到头的人生

我发现自己的性格是创意型的，而且从小偏内向，喜欢独处。但我的理性告诉自己：在这个世界生活，必须学会与人沟通、打交道，所以我想找与此相关的工作。

我尝试的第一份实习工作，是去某区的行政综合管理服务中心上班。

生理型人力资本

每天早上我来到档案室，一个即将退休的老师傅带我工作——他在档案室工作多年，十分认真细致。偌大的屋子存放着几十柜的人事档案资料：全区所辖工作人员的人事档案都保存在这里。

我负责帮忙做整理，如编号、手动录入库、查阅档案、办理提档出库等，这些工作非常琐碎和程式化。

人最大的资本就是自己，我们一路成长学习，就是为了沉淀自身的人力资本价值。而人力资本又分为两类：生理型人力资本和技能型人力资本。

前者是用自己的时间和力气换取报酬，一旦劳动能力或精力下降，收入就下滑，甚至没有。收入是线性的，干一天

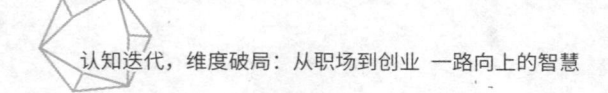

拿一天，每天收入都差不多，而且可替代性极强：年轻人的到来，机器的运用，人工智能的投入使用，都会是自己被替代的诱因。

后者则是用知识和技能赚钱，知识的沉淀、技能的获得，与时间呈现正相关，收入也呈几何级数增加，例如医生、工程师、律师等职业。

而档案室文员这个工作，属于典型的生理型人力资本。

实习见闻，初涉社会

每天下午，我坐到综合服务窗口，这里有几个部门联合办公，如区人事社保局和区建委安监质监部门等。大厅的几名体制内员工都是老大哥、老大姐，那时房地产行业刚兴起不久，人事社保局工作也不算繁忙，比不了税务、工商等窗口。

偶尔会有咨询社保政策，或是一些申请劳动仲裁的人过来：有的是工伤，一瘸一拐拄着拐杖愤愤不平；有的是民工，被企业拖欠了工资，咨询怎么维权等。自从有了我这个实习小弟，哥哥姐姐们更轻松了，让我顶在了第一线，坐在办公区最外边第一排。凡有人前来，我就会站起身接待，询问有什么事情。慢慢地我也通晓了办事流程，面对比较简单的情况，可以应付；如果情况稍显复杂，我就跑过去请教老大哥、老大姐，再去处理。

一生不该是一天的无数次重复

实习即将结束的头天,办公室组织聚餐,饭桌上不时来上几位我不认识的领导。大哥大姐们频频举杯,赞美对方领导有方,感谢他们栽培照顾。连我这不怎么会喝酒的小萌新,也陪着喝了不少。

回首那段实习的日子,倒是学习了不少《劳动法》知识。初入社会,见一叶而知秋,算是提前见识到了世间百态。

这两个月的实习生活告诉我,这里不适合我,我不属于这里。

当然我并不否认,每一个工作岗位、每一个社会细胞都有它的功能和价值。但在我看来,如果一生就是把一天的生活重复无数次,一眼望得到头,没有创造和新意,那将是多么无趣和可悲啊!

07 再多一次的转身

我继续寻找下一份实习工作,希望能找到自己真正喜欢的。

基于我当时的认知,下一份工作最好符合三项标准:第一,是自己喜欢的,感觉有前途、能挣钱的行业;第二,企业注重能力,唯才是举,不拼爹妈;第三,能提供持续学习、锻炼的岗位,尤其是能锻炼与人打交道、处理问题的能力。

培养起了看楼盘的兴趣爱好

大学期间周末回家的时候,偶尔会与父母外出闲逛,那时家里正准备购置新房。我们的老房子紧靠主干道,母亲患有神经衰弱,车来车往的噪声吵得她每夜都休息不好,难以入睡。

我们最终选择了位于重庆近郊的一处楼盘,便宜一点,环境幽静。这个小区户数不多,三面环水,像一艘小船,停泊在湖畔。唯一的缺点就是距离主城稍远,我只好在校期间就去把驾照拿了,为有朝一日买车做准备。

选房过程中,我看了若干个项目,培养了看楼盘的兴趣爱好。示范区、样板房,各有特色,这仿佛是一件很好玩的事情。在装修各异的样板间里,畅想未来的幸福生活:"今后挣了钱,和萌生活在一起,成立我们的小家庭,一定要买一个园林漂亮的小区,好好设计布置自己的房子,温馨浪漫、典雅别致!"

所以周末偶有闲暇,我会继续和家人外出看看楼盘,算作一种消遣。

大三结束的暑假,某天晚饭过后,我跟父母外出闲逛,来到重庆市消防总队旁一片正在开发的新区,马路两旁的地界围墙上,画着楼盘的宣传广告。

从广告上看,南侧地块为"KK中华坊",斜对面的北侧地块叫"KK天籁城",我们走进售楼部,发现工作人员已经下班了,只有一个保安在执勤。

走到空旷的销售大厅尽头,一整面落地玻璃吸引了我的注意力。透过玻璃可以看到示范区内的游泳池浅蓝色的马赛克瓷砖和游泳池后一栋彩色的四层洋房:底座为红色,楼身呈浅粉色,黄色的楼带自上而下,屋顶花园上构筑了一个葡萄架似的廊,像是戴了一顶蓝色的礼帽,非常漂亮。

父亲说,这家开发商——KK集团,办公楼在观音桥金岗大厦第20层,正好在他们公司楼上——父亲就职的ML物流位于18层。

改变命运的一次转身

结束行政综合管理服务中心的实习后,我回到学校,一边准备毕业论文,一边找工作。

偶然听到一名同学说他去KK集团面试实习生,被拒了。听见"KK"这个熟悉的名字,我回想起数月前去过这家公司的

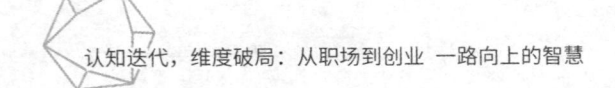

售楼部，当时没能看到房，并且父亲说过这家公司跟他的单位是上下楼邻居，我顿时来了兴趣。

上网搜索了企业信息，在重庆民营地产企业中，KK 大概位列本地第八，名头虽说没有南方、龙湖、同创等响亮，但他家的建筑样式我挺喜欢，又在父亲单位的楼上，如果能去实习，还可以蹭父亲的车上下班，还是挺方便的。

我准备去试试。可这个同学也是院里的学生干部，能力很强啊，为啥被拒了？我不免心里有些忐忑。

第二周的星期一早晨，我搭乘父亲的车一起到金岗大厦。走进 KK 人力行政部办公室，迎上来一个女员工，年龄与我相仿，她问我做什么，我说来找实习工作。

"我们不招收实习生。"

我这才反应过来，那位同学之前被拒很可能是因为对方不招收实习生。

"我马上就要毕业了，可以先实习，毕业后就可以工作。"我连忙解释道。

因为我没有提前递交简历和预约，她依然把我拒绝了，请我回去。

后来我才懂得，企业培养任何人都有成本，所以希望员工能够尽可能长久地工作，并拥有成长性。

被请出了大门，我正准备下楼时，一个念头冒出来：我不能就这么放弃，为什么不争取一下，让他们了解我？对，去聊一下。

就是这一转身，改变了我的命运。

第一次成功"销售"自己

返回之后，我找到那个女员工的上级——人事主管，希望能跟她沟通一下。交涉过程中，办公室外的动静被人事经理听到了，她直接把我请到了办公室。经理姓林，我和林经理聊了我的学习情况，团委干部的工作如何开展，此前的实习经历，以及我对于KK的了解，对于房地产的喜爱，还有自己的特长、爱好，等等。

也许是我的谈吐和综合素养打动了她，林经理抛出的问题把我吓到了，她说集团正在物色总裁秘书，问我愿不愿意考虑。

天呐！我从来没干过房地产，连工作经验都没有，在这么大的领导身边工作，我会倍感压力的，还是先打基础吧。于是我委婉推辞了，问是否有销售策划之类的工作，我还是想先做销售，锻炼与人打交道的能力。

销售是一切之本，身处社会，人与人之间，无论是相处还是做事，每时每刻不都是在销售自己吗？

林经理推荐我第二天去天籁城售楼部，接受销售部经理的面试。就这样，我进入了KK，踏入了房地产行业，成为一名实习置业顾问。

房地产在过去20年，是中国最火热的行业，造就了无数富人，也产生了大批白领、金领。有人像一颗新星在这个行业

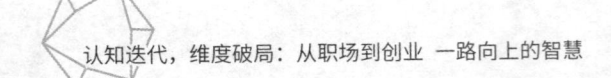

冉冉升起，也有人从这个行业销声匿迹，各自上演着不同的故事。

后来，KK也从一家名不见经传的公司发展成为全国房地产20强企业。而我的入行和择业，或许是偶然，或许是运气，或许是性情，或许是执着，抑或——个人的努力。

CHAPTER 3

职场一线原则：
眼快不如手勤

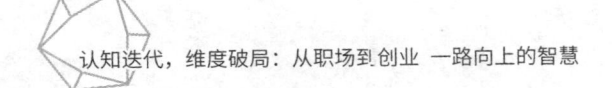

01 师傅引进门，
房产销售修炼宝典

项目组为新到岗的置业顾问安排了一名带教师傅。我的带教师傅叫老付。第一天上岗他就给我布置了一周的作业，分为需要记忆的和需要实操练习的两部分。

我需要先背诵项目的销讲，销讲就是房地产项目的全套标准化讲解资料，包括区域介绍、周边配套、项目规划、产品户型等。背完之后，再进入实战销讲环节，以及如何算价、如何与客户拉近距离等。

瞬间破冰的关键——称呼上的学问

背资料倒是简单，难的是把机械记忆的东西，通过自己的语言表达出来。更关键的是，通常客户是没有耐心听你照本宣科似的背诵的，整个实战过程其实是双方交流互动的过程。而且在这个过程中，你可能会遇到各种各样的人：特别热情健谈的，性格直率的，沉默寡言、疑心重、防备心强的，还有特别强势、习惯占主导地位、自己的观点不容反驳的。

这些客户的阅历和经验都比我老到。一个还未毕业、初入职场的大学生,最大的优势,就是诚实认真。认认真真地记录着师傅的每一段真传,认认真真地接待每一组客户。

我经常在旁边看老付怎么接待客户,我发现无论男女老少,他基本上都可以非常从容地与之交流,谈笑风生:跟男客户一边抽烟一边聊;与女客户也聊得热络,令她们喜笑颜开。

仅从称呼上,就可以见一叶而知秋。我称呼客户基本上都是某先生、某女士,或者某某老师,通常用敬语。而老付却告诉我:"你只需要记住:男人都好面子,凡是男客户都喊哥或者某总就对了;凡是女客户就叫姐,这样既亲切又舒服。另外,遇到男客户,一旦开聊,就先递上一支烟,别看这个动作小——在中国,香烟是一种神奇的物件,可以使人与人之间瞬间产生良好的互动,打破尴尬,拉近双方的距离。"

可是我那时还不抽烟,这最后一招暂时没法用。

一流的销售聊情怀

接下来是介绍项目环节,因为缺乏沉淀和理解,我对很多专业术语没有直观的认知,脑袋中记住的都是销讲资料上的专业描述——占地面积、容积率、周边规划、产品特色、"院错退露"(每个单元的一楼户型都附带有一个80~100平方米的私家花园,这是"院";每一户室内都采用错层式设计,拥有两个标高,空间感更为丰富,这是"错";从一楼到四楼层层退让,每一户都为楼下留出采光空间,这是"退";最后,每一户都设计有大面积的露台花园,顶楼户型更是拥有三至四个露台花园,

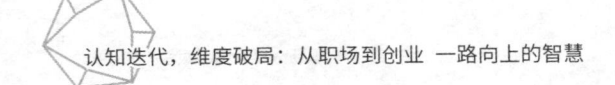

这是"露"),等等。我就如同背书一般,记住这些专业术语。

每次老付或者主管考销讲,让我介绍项目,我就更加紧张了,脑袋里只有一堆数据资料,想到哪儿说到哪儿,全无条理。老付听了皱起眉头,说:"销讲是有逻辑的,跟写作文一样,讲究一个总分总:先讲项目的整体情况,然后就客户关心的重点进行精细化讲解,最后再总结强调产品的核心卖点,加深客户印象。"

我想了想,继续讲"院错退露":"每栋一楼都设计一个私家院落,屋内采用错层式设计,层层退台,每一户都拥有大面积的露台花园,所以这是我们产品设计的一大特点。"

老付听不下去了,反问道:"你的销讲就像背产品说明书,这个产品再好,如果我是客户,跟我有啥关系?"

我觉得有道理,但还是不知道怎么改进。老付便做了一个演示:"例如对面是一位男客户,你可以告诉他,'哥!你看,把女朋友带到这样的露台上,看着楼下花园的美景,谈恋爱的成功率都要高一些!'"

说完,老付自己也笑了。我心领神会:"高!实在是高!"

请客户就座的学问

别看老付一身江湖气,其实他也是本科毕业,对于专业知识和服务细节,有自己的理解和经验。

例如,就座这样一个小小环节,他都能说出一番不同的见解来:"你得帮对方把座椅拉出来,邀请客户先就座。"他双手将椅子拉出桌底为我示范:"你自己再绕到旁边坐下,最好坐在客户90度侧方,不要坐正对面——正面会制造敌对感;坐在旁边更亲切,容易交流。给客户倒一杯水,询问他喝茶、咖啡还是白水,不要坐等服务员送水来,最好自己去,体现服务,这样就建立了初步好感。"

光是就座居然有这么多门道,我听得入了神。但这还没完,老付一边讲一边演示:"坐下后,臀部不能把椅子坐满,坐深了靠在椅背显得慵懒,不专业,只能坐到座椅的前三分之一位置,这样既显得尊重,又专业得体。"

原来做销售,与人打交道有这么多的学问。那时的我,对这些技巧似懂非懂,也谈不上潇洒自如地运用。因为完全不懂察言观色,只能是机械地学习。学其形,做出来特别不自然,客户也比较拘谨,双方就这流程化地往下推进着讲解流程。

当然,这需要积累和练习,当客户积累多了,阅历多了,不断总结和调整,量变产生质变,接待客户时就会越来越自信。

让客户不知不觉做出最合适的选择

老付发现我在与客户交流过程中说得比较多,客户却没什么反应,便纠正我:"不要光顾着自己说,你都没了解客户是什么情况。与客户交流的过程中,一定要多问问题,加强与客户的互动。这样才能知道客户心里是怎么想的,才会了解他的经历、背景、性格以及购买的动机,才会知道他对你说的哪方面的产品内容感兴趣,有什么疑虑。这样你才能走进客户心里,探究其内心,才能针对性地匹配需求。我们的销售工作,是要

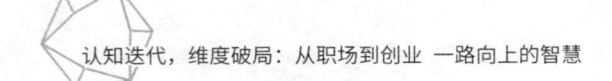

挖掘并匹配对方的需求，从而给予引导建议，让客户做出最合适的选择。"

此外，在接待客户的过程中，我急于成交，急于证明自己，获得成就感，得失心太重。一旦客户对项目产生质疑，我会特别想去辩驳。

例如，客户说："你们这个项目位置有点偏僻，不成熟。"我会立即反驳道："不偏啊，这边是未来的规划重点，现在市里正在着重发展这个区域，最好的医院、学校都会配建在这周边。"

其实真正专业的做法是：先肯定客户，永远不说"不"。如可以这样回答："是的，的确如您所说，这个位置目前看起来有些偏僻，不过这里是新区，拥有全新的规划理念，现在城市发展速度极快，再过几年，这里就会成为最繁华的区域，而且新区的地产项目，整个规划理念比起城里的老楼盘，完全迭代升级了。相信您这样有远见的成功人士，一定可以读懂未来的潜力价值。"

一定不能在客户面前展现优越感

但我当时还不能应付自如，只是一心想着把客户的想法掰过来。这是销售的大忌，极有可能说赢了客户，丢失了单子——因为客户会觉得没面子，心里不爽。我亦知会有这个弊端，但若不争辩，又担心客户嫌弃项目，不买单了——而且客户的看法有时是片面的。

后来，我才逐渐明白，客户希望房子成为其事业成功、家庭幸福的标志，因此更在乎销售过程中被尊重和被认可的感觉。

作为置业顾问，你必须牢记：你也许比客户专业，但一定不能在客户面前展现任何优越感；无论客户说什么，不要立即反驳，如果客户感觉被你教育了，哪里还有心情和兴趣购买你推荐的房子？

这就给我提出了另一个挑战：学会跟客户开玩笑，这是快速"破冰"、化解陌生感的一种方法，一个适当的玩笑可以让客户瞬间放下防备。而达到与客户谈笑风生的地步，就可以自然、随性地交流。但是我本来就紧张，脑子里想的都是我该说什么，对方怎么没反应，怎样他才会买房，要我与对方谈笑风生真的好难！

归根到底，还是我不自信，总觉得客户年纪大，经验多、阅历深，吃过的盐比我吃的米还多，跟他们开玩笑，我怎么敢啊，而且这样子也觉得怪怪的。

借鉴而非模仿，走出自己的路

其实每个人的性格、特质不一样，我们不用去刻意学习某一种风格，就像师傅的喜笑颜开，我是无论如何也学不会的。正确的方式是观察、借鉴师傅在与客户交谈和销售过程中的关键环节，例如在推售产品之前，需要跟客户搞好关系，赢得信任，后期的产品沟通才会有效，客户才会愿意倾听和相信。但是具体到每一句话怎么说，每一个动作怎么做，并不用依葫芦画瓢、邯郸学步，我们要学习的是神韵、流程和关键点。

要卸下客户的防备心，并非一定要递上一支烟，如我的特质就是学生气,那么就应该用真诚打动客户,让客户相信我不会骗他:我不懂的就说不懂,让客户建立起心理优势。江湖风格走不习惯,我就走专业风格,用更多的专业沉淀来影响客户。在后期的销售过程中,我逐渐明白了这个道理,于是找了一堆专业书来看,有地产销售的、营销心理学的、房产建筑的、房产经纪人的,等等。很快,我对房地产知识和营销知识有了自己的见解。我不仅能够看懂工程设计图,知道每一种专业术语什么意思,也能够独立分析每一种户型的优劣势,了解如何进行装修设计对客户来说是最合理、最实用的。

这些专业收获,无论是在公司内部跨部门沟通,还是在接待客户的过程中,都发挥了极大作用。毕竟,你体现出的专业度,客户能够马上感受到,他们愿意相信更专业、更有产品鉴定能力的置业顾问。你给出的建议,是他们需要且欠缺的,或者没考虑到的,他们会觉得中肯,觉得你说到点子上了。

正因如此,我愈加自信起来。

人须在世上磨,才担得起大责

虽然我对客户很真诚,但也有被客户骂得狗血淋头的经历。

那位客户是一名40多岁的女性,姓梦,我叫她梦姐。初次接触,我感觉她谈吐挺有涵养的。当时,我们卖的是售楼部这一栋楼上的小户型,她作为投资兼自住购买,我接待了她两次,随后她交了定金。签订正式购房合同前,突然接到公司通知,这栋楼停售,所有房源全部收回。原来公司想把这栋楼自持,装修成星级酒店，就是后来的KK大酒店。

本来我费了九牛二虎之力才把这个单子谈下来，现在却要毁约，让我劝说客户退单子，而且是开发商单方面毁约。

我永远记得那个下午，当梦姐得知这个消息后，大发雷霆。她感觉被愚弄了：怎能如此不讲诚信？前脚让她购房，后脚又让她退房，说卖就卖，说不卖就不卖！

因与她对接的工作人员一直都是我，项目的好话也是我在说，退房的不中听的消息也是我来传递，当然她只能把所有的气都撒在我这唯一的出气筒身上了。她指着我的鼻子骂了一下午，并威胁要动用关系找我们打官司，找媒体曝光；还说我不讲诚信，愚弄她，卖房这种事怎能如此儿戏，夹杂说了许多难听的话。销售部的同事齐刷刷坐成一排，纷纷向我投来同情的目光，却也无法站出来为我解围。

因为欠缺危机应对经验，老实巴交的我一声不吭，像极了一只站在冰雹里的小鸡，孤立无援，只能在心底里说抱歉，老老实实任她发泄怒火。

那一天，我的心情跌落谷底，晚上几乎不想吃饭，也不想说话。我不知道自己做错了什么，为什么结果会这样。公司高层的决策，我作为新人，除了被动承受，又有什么办法呢？

那时的自己缺乏经营视角，尚不明白职场规则：商场如战场，企业组织架构就像军队，对于上级的决策命令，一线员工必须不折不扣地执行。而且自己受委屈了，也恰是锻炼能力和磨炼心性的机会。人须在世上磨，才担得起大责。

085

嬉笑怒骂皆是成长

当然，与大多数客户的交流都是顺利的，还和部分客户因为购房而结缘，最后成为彼此人生路上的好朋友。

有位客户大哥姓王，妻子姓刘，接待他们时，我照旧认真、耐心地为他们推荐心仪的户型和位置，最后他们也听取了我的建议——选择了天湖美镇。买房之后，两口子一直把我当兄弟看，常常电话联系，时不时请我吃饭，过中秋还特地送我一盒月饼。我原本认为服务他们是我分内的工作，房子他们已经买了，我一个穷小子也没有什么好图的，但能得到他们真诚友善的对待和感谢，我挺受宠若惊的。也许是我尽心尽力为他们做置业推荐，令他们觉得我这个人靠谱吧。

这对夫妇也改变了我的认知。原来萍水相逢的买卖关系，并非仅仅是利益往来，在客户眼里，也会更青睐有人情味的关系，也会有非常谦卑、性情真挚的人与售房人员凝结出一段真挚持久的友情。王哥夫妇直到今天还居住在天湖美镇，我们至今保持着联系。我创业以后，关于他的资产如何变现处置、如何保值增值，他依然征询我的建议；而我也会当作自己的事情一般，尽心尽力为他提供专业服务。

职场就是这样，嬉笑怒骂都有，变数无处不在，虽说商道江湖，背后更多的是利益诉求和身不由己，但人是有感情的生物，骂着、笑着、彷徨着、温暖着，就习惯了，成长了。

02 改变从思维开始

中国房地产业的蓬勃发展是从 1998 年开始的,为了应对亚洲金融风暴,维持人民币不贬值,时任国务院总理朱镕基决定全面拉动内需,对房地产"放闸"。

当时有两个代表性的文件:一是 1998 年 6 月 16 日,国务院机关事务管理局以国管房改字〔1998〕第 151 号印发《中央国家机关个人住房担保委托贷款办法(试行)》,放开了个人住房贷款,贷款期限最长 20 年,贷款额度可达房价 70%;二是国发〔1998〕23 号《国务院关于进一步深化城镇住房制度改革加快住房建设的通知》,这是我国住房体制改革的纲领性文件。该文件决定自当年起停止住房实物分配,进一步完善住房公积金制度,建立职工住房补贴制度,逐步实行住房分配货币化;继续推进现有公有住房改革,加快实现住房商品化;建立和完善面向不同收入家庭的多层次城镇住房供应体系;发展住房金融;培育和规范住房交易市场,建立社会化、专业化、市场化的物业管理体制。

2002 年 5 月 9 日,国土资源部令第 11 号发布《招标拍卖挂牌出让国有土地使用权规定》,自 2002 年 7 月 1 日起施行,共 28 条,明确了招标拍卖挂牌出让国有土地使用权的法律依据、

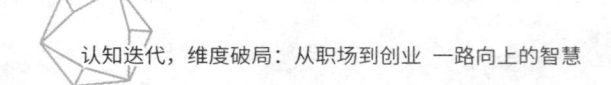

原则、范围、程序和法律责任等，进一步规范土地市场，加速城市化进程。

时也，势也

我加入房地产行业，就是在房价开始如火箭般蹿升的阶段。因为地价、房价不断上涨，开发商更加注重产品的创新（小区规划、户型设计、用材用料等方面不断求新求变）和楼盘品质。

重庆主城区有四条南北走向的山脉。在重庆的西边是中梁山山脉和缙云山山脉，东边向南延伸的是铜锣山山脉和明月山山脉，所以主城区呈南北延伸。重庆主城区的北面最为平坦，当年就刮起了"重庆向北"的风潮。

浩浩荡荡的城市开发运动开启，"八大金刚闹金开"。重庆诞生了一批代表性的项目，部分项目在全国亦拥有影响力：龙湖蓝湖郡、KK天湖美镇、棕榈泉国际花园、奥林匹克花园（融创的前身项目）、融科蔚城等。

以上这几个项目有一个共同特点，即每个项目都围绕着一个湖，这些湖曾经都是水库，原名分别叫"五一水库""六一水库""青年湖水库"，分别是龙湖蓝湖郡、KK天湖美镇、棕榈泉国际花园所环绕的湖。

地产史上著名的"831大限"，也出现在这一年：2004年3月，国土资源部、监察部联合下发71号令，要求从2004年8月31日起，所有经营性项目用地一律公开竞价出让，各地不得再以历史遗留问题为由进行协议出让。

千里选一，杀出重围

那是一个值得铭记的时代，无论是开发商、老百姓还是媒体都为房地产而疯狂。而我正好是其中的亲历者。

KK公司开始筹建天湖美镇新项目团队，人员从中华坊和天籁城团队中抽调，我那时也才实习不到三个月，还未取得毕业证，一轮筛选过后，我有幸被调去了天湖美镇项目。

天湖美镇门牌号为金开大道一号，环绕六一水库而建。我特别喜欢那句精确描述项目气质的广告语——"一城山色半城湖"。

初到项目，漫步走过一座跨湖小桥，进入售楼部，我就被这里的景色所迷倒，绿树成荫，白鹭齐飞。体验示范区（户外区域，包含小区入口、主要景观园林示范区、售楼部等）和样板房（一般客户看房选房，既要看示范区，感受小区的园林景观品质，又需要通过样板房看户型设计）正在如火如荼地赶工。

天湖美镇的置业顾问组，有两名是在其他项目工作了两年以上的老员工，我是唯一一个调来的新人，其余人员全部对外招聘。

招聘时，公司在数千份简历中筛选了数百人前来面试，美女帅哥如云，只是为了竞聘另外几个编制名额（地产公司为了管控人员成本，一个项目中每个部门的人员编制配置是有限的，被录取后，签订劳动合同，才成为正式员工）。可见每一个置业顾问的录取都是千里挑一的。

筛选出来的第一批共十几个人，我们经历了为期几个月的培训（项目筹备时的一个封闭培训期，此时项目上正在施工建设示范区，尚未对客户展示，也没有正式启动对外宣传，所以是不接待客户的。新、老员工要一起接受项目培训），包括军训、市调、学习各种房地产知识和销售技巧等。但是，正式上岗前，公司还要对这十几个人进行终极淘汰，最终只留下八个人。

那段时间，每一天的压力都很大，这群共同集训的准同事，既是合作伙伴，又是竞争对手，我很怕自己因为在某一项落后而被淘汰出局，做梦都在练习新项目销讲，甚至还做了两次噩梦。奥地利心理学家弗洛伊德认为梦是做梦者的无意识状态，是对现实生活的映射，我知道是自己那段时间压力太大了，太怕输，担心被淘汰。

我最终成功留在了八人名单上（包括我在内的三名老员工，以及五名新员工）。7月，我终于拿到了大学毕业证书和学位证书，以正式员工身份入职KK。

所谓失败，只是成功路上的一个必要环节

开盘前两个月，项目尚未确定销售主管，公司决定从置业顾问中进行公开竞岗。这次报名的一共三个人，除了那两位老员工，唯一的新人就是我，才拿到大学毕业证的"愣头青"。

为什么其他同事都不参加呢？原因很简单，那就是大家都认为销售主管最终一定会从这两名老员工中产生：他们对公司熟悉了解，经验丰富，而且已经在前面的培训中代为行使了主管或者组长的一些工作职责（前期培训中公司让两名老员工参与了一些筹备工作）；公司也应该是鼓励员工在公司安心、长期干下去的。为此，晋升老员工更人性化。

新人参加竞聘，基本属于陪跑。其他人不参加是因为"识趣"，不敢暴露野心，或是觉得反正选不上，参选并无意义。而我之所以报名，并非为了"加官晋爵"，而是为了学习，相信经历了这次竞岗的全过程，我更能够看清自己的不足，找到与他人的差距，了解公司需要什么样的干部，初级管理者需要具备什么样的能力和知识。

即便不成功，至少找到了个人差距和努力的方向，也是很有意义的事情，有利于后期的针对性突破。同时，也是一次挑战、锻炼和展示自己的机会，何乐而不为呢？

我们经历了笔试、提交就职论文、面试答辩三个环节。在答辩时，总经理、营销总监、销售经理、人力行政经理作为面试官参加。记得总经理单独问我：为什么你要来参加此次竞岗？我说出了自己的真实想法，感觉台下的面试官们都听得异常专注。那一刻，值了！

最终结果的确毫无悬念，是一名老员工胜出，担任主管。但这有什么关系呢？竞岗过程中，虽然很多管理方面的问题，我答不出来，或者不知道自己答得好不好，但是我知道了身为管理层要重视的问题，这才是真正有价值的地方——我坚定地这么认为。

人生很多时候就是这样，重点在于你怎么去看待机会，怎么去看待成败。有时换一个角度，会有不一样的收获。我们需要注重结果，更要珍惜过程，也要相信人生没有真正的失败，阶段性的所谓失败，只是成功路上的一个必要环节而已。从失败中反

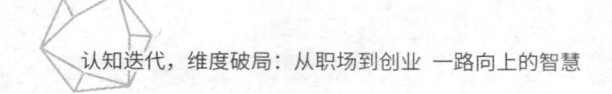

思改进，只要更逼近目标，终会走向成功。

力争当销冠，拿业绩说话

竞岗结束后，我很快回到日常工作中，没有一丝受挫，本本分分地做好置业顾问的本职工作。

经历项目的认筹、开盘、持销期，我在后来的大半年时间里，刻苦勤奋地学习，接待好每一组客户。那时我经常晚上最后一个回家：在深夜的售楼部，一边打蚊子，一边反复打电话回访客户，不放弃每一个潜在客户。我力争当销冠，拿业绩说话。

此外，看天湖美镇的客户大多是高端客群，跟这些客户交流也是一种学习和收获，能够结识他们也是一种人脉积累。抱着这样的心态，坚持去做正确的事情，我进步很快，有数月都做到了销冠，每个月可以拿到上万的薪水。

与高人同行，成长更快

2005年的一天，销售经理告诉我，总经理需要一个秘书，觉得我还不错，问我意向如何。这次不同于第一次踏进KK集团办公室人力行政林经理问我愿不愿意当总经理秘书的那一刻，我已经有了一线的工作经验和优秀的业绩证明，便欣喜地答应了。

我想在总经理身边，经历他的一切事务，学习经营管理。

与高人同行，站得更高，看得更远，成长更快，虽然月薪降到1200元的固定薪酬，但是机会和未来才是更大的财富。

从此，我的称呼变成了"唐秘"。

03 总经理秘书——
机遇与挑战成正比

总经理秘书,一个全新而陌生的岗位,做什么,怎么做,我全然不知!

抓住每一次机会

我深知总经理秘书这个岗位一定很重要:在总经理身边,为其工作提供支持,反过来自己的一举一动,办事能力也展露无遗,都会被领导看在眼里。对于自己的成长潜力,领导也能做到心中有数。

所以即将调动时,我还是蛮有压力的:做置业顾问,业绩不好,还可以重来,下个月再努力,或者偷偷懒,后面再努力。而总经理秘书这份工作就是与公司最高领导在一起,如果能力得到认同,那么领导会欣赏和重用你;如果领导觉得你不堪重用,即使你仍然在这个企业工作下去,也很难有大的提升空间了。故而,机会只有一次,是骡子是马拉出来遛遛,是能力被认可,获得更大的发展空间,还是无奈跳槽,处境尴尬,成败皆在此一举。

新官上任三把火

当时 KK 分为三个开发公司，蒋总是东成公司总经理，同事们都说蒋总人特别好，平易近人，专业过硬。

但我依然诚惶诚恐，调岗前专门买了一本大约 600 页的书《秘书》，想着临时抱佛脚，快速了解秘书的工作范畴和方法要点，从他人经验中寻找答案，同时自己也进行了思考和梳理。

首先要协助做好领导的后勤保障，提升领导的时间效率。各种杂事小事，凡是能够帮领导做的事都尽量去做，让领导能够腾出更多的时间和精力做更有价值的事情。所以诸如订餐、报账、跑腿、拎包等事情，身为秘书，必须通通包揽。

其次是基础性工作，如各种流程审批、签字、做会议记录等。新到岗的第一天，我就发现蒋总的文件很多，堆叠在办公桌上。于是我去行政部领了几个文件夹，把文件分为营销口、工程口、管理口三类（公司内部按照工作性质模块的统称，即"条线"。通常销售部、策划部等统称为营销口，成本部、工程部、设计部等统称为工程口，人力行政部、开发部、财务部、运营部等统称为管理口），并按照待审阅、已签批进行分类。这样就利于领导针对性地处理文件，找起来也比较方便。而我也希望新官上任三把火，这第一把火能给蒋总留下好的第一印象。

最后，做好工作中的重点记录，协调关键节点，以此提升整个组织的执行力，如重点工作的跟进执行和检视，重要节点的提醒等。

蒋总有时为了提升工作效率，增强反馈的及时性，会安排我跟进一些他最为关注的事情，或是督办会上强调的重要工作。秘书工作很讲究艺术和方法：你虽然代表领导，但是并非领导，在说话沟通上既要切实推动事情进展，又不能过于强势，不然也是很容易得罪人的。

走一步看三步，做人做事平衡的艺术

因为我今后仍要在企业下沉发展（转岗后依然需要回到一线岗位，从某个专业岗位重新往上发展），那么当自己不再是总经理秘书，就要重新拼业绩、搞好人际关系，所以我需要在过程沟通和结果处理上拿捏一个度，找到平衡点，既要会做人，又要切实推动事情进展。

对外协调各种关系也是秘书极其重要的工作，总经理的主要工作就是对内管理、对外协调。作为秘书，也少不了协助领导接待一些客人。在领导时间安排不过来，或是处理一些能够交由秘书外协的工作时，要主动进行协调沟通。这也是扩展人脉的好机会，因为领导接触的大都是高端人脉，包括政府各级领导、合作的上下游企业董事长或总经理，以及一些其他重要社会关系。

这一方面，我是比较薄弱的。那个时候我与级别高的人相处，心里会有一些担心和紧张，而且缺乏经验。有一件事情，准确说是一次事故，让我印象深刻：有一次，因为蒋总帮助某个领导处理了一件私事，事后这位领导给蒋总送来了一个小红包以示感谢，这样的红包当然不能收。蒋总给这位领导拨通电话，并安排我送回去。但是我因为杂事缠身，对这个事情没有

重视，结果拖了一个星期还没去。后来，蒋总询问此事进展，得知我还未处理时，严肃地教育了我，并告诉我这种事情不能拖，时间长了别人会以为我们没有诚意。

这件事给我重重地上了一课，对于人情世故要敏锐，分清轻重缓急，需要立即处理的事情，一天都不能拖。

职业迷茫期的得与失

几个月之后，我感觉逐步上手了。工作少了新鲜感与不适感，但也进入了一个迷茫期。秘书工作事务杂，压力大，却不是太有成就感，因为做得更多的都是协助类的工作。虽然我也会去协调、推动，甚至有时候下沉到部门帮忙，但是成绩都是属于各个部门的。

那时候，我没有领导者的格局，体会不到"屁股决定脑袋"，更不理解领导对于身边的人不会过多提及或过于嘉奖，更多的是要关注全盘，关注职能（总经理更关注各个业务条线，关注各个岗位上具体的分管领导和一线员工）。甚至越是身边的员工，领导越是要求严格。而我身为总经理秘书，需要耐得住寂寞，坐得住冷板凳，深藏功与名，这对于心性是极大的磨炼。

做秘书，你的身心以及时间都是领导的，全心全意为领导分忧和服务是职责所在。不能有情绪，至少不能过于表露情绪，要想领导之所想，急领导之所急，时刻站在公司和领导的立场上思考问题。领导不下班，你就不能下班；领导加班或者去哪儿，你都得跟着，随时听候调遣。

除了常规性的秘书工作，我还经常接到临时工作安排或突发性的任务。而我做事比较有条理，更喜欢把一切规划得井井有条，但现实就是工作节奏快，各种突发事件迎面砸来。总经理遇到的事情，通常都是大事和麻烦事，具有不可控、不可预测的特点，身为秘书，必须适应这个节奏。秘书工作虽极其锻炼人，但也真的是让人备受折磨。

崩溃与蛰伏

25岁生日的那个夜晚，我像往常一样加班到很晚，当时大雨滂沱，我一个人开车回家，行驶在高速公路上，雨点连成线、结成面，砸在前挡风玻璃上，即使雨刮器开到了最大档位，左右摇摆狂舞，也擦不出清晰的视野。

这个生日没有蛋糕，没有祝福，甚至没有前方。突然不知怎么的，我开始号啕大哭，在驾驶室里撕心裂肺地号叫，我不知道自己的前路在何方，25岁了，似乎一事无成，对自己的工作现状充满了不满——但是我明明那么努力了。我拨通了此前销售经理钧哥的电话，此刻，特别想找一个人说话，我向他哭诉此刻的迷茫和无助。钧哥安慰了我，告诉我一切都会好的。

25岁，也许是一个男人的重要节点。此后，我似乎成熟了许多，又恢复了平静，从容地处理着各项工作。我能做的，就是继续更加努力地工作，等待新机会的到来。

04 一线原则：眼快不如手勤

"树挪死，人挪活。"在做了两年秘书之后，我觉得自己应该去更多的岗位锻炼：一方面，我要从基层重新积累经验和业绩，塑造自信；另一方面，秘书工作只是增强了我的视野和格局，真正的业务能力，只有通过亲自上阵，才学得扎实。

正好在那期间，因为产权部门管理疏忽，公司出现了严重的交房办证风险：资料柜里堆放了大量合同，只进行了网签，未报房交所进行正式的确权备案，无法办理权证。按照购房合同的约定，交房后180天内必须向业主提供产权证，若开发商违约，需赔付违约金。这是一起重大经营风险事件。

临危受命，最硬核的学习是去实践

我临危受命，被任命为销售支持部主管，首要任务就是对此事进行专项梳理并解决问题。

销售支持部有两项主要职能：一是对接银行，合作房贷业务，保证公司的按揭回款；二是各项交易类税费、大修基金的缴纳及权证办理。工作虽是按照流程办事，常规琐碎，但格外重要。

回款是公司的血液，而办证是公司的交付要点（履约交房的终极体现),购房者买房,除了拿到钥匙,更重要的是要拿到那本确权的小红本。有了这个小红本,才能睡安稳,这是中国人的买房观,也是法治观。

首先,我把团队人员召集到一起,找出文件,详细询问办证流程以及所需的资料和节点。把这些步骤搞清楚了,工作流程也就彻底梳理通顺了。这有点像之前在人事局档案室的工作。

其次,集中人力清理合同,对涉及的所有房源,梳理每套房的办理进度,几天时间全部弄清楚,使资料清晰,然后逐步推动每个环节,直到办证资料全部递交。我和几个骨干一起,驻扎在房交所,协助那里的工作人员集中处理问题。

当交房房源的权证全部按时交到每位业主手里时,公司才算真正化险为夷。

跑手续,亲自跑一遍就会了

几个月后,我又调到了开发部。开发部是公共关系的核心部门,与规划、建委、消防、园林等所有政府职能部门打交道,负责所有手续报批类工作,是房地产生产和销售环节之外的重要手续关口。

领导调我过去,也是希望我熟悉整个开发流程,同时建立与相关政府部门的公共关系。

刚去的时候,开发部经理安排同事给我讲开发流程,又是口头讲解,又是拿流程图、资料表给我,足足讲了两天,琐碎又复杂,听得我云里雾里。有的环节是串联审批,环环相扣,前一个手续完成才能启动下一步；有的属于并联审批，多部门分头盖章。

我跟着其他同事跑了一周，去到这个部那个委的，依然没把流程和要件搞清楚。看别人做，始终是别人的经验，自己印象不深。索性我向经理申请，直接安排我去跑手续吧！

为什么我这样做呢？不是着急，而是我觉得看一万遍不如自己做一遍。跑什么手续，我现学现用，不懂就问，跑一遍就会了。

果然如此，例如办理预售证，先问清同事所需清单，然后照着清单一项一项准备前面的四证，填申报表，再加上图纸、测绘等资料，最后问办理地址以及去各部门找谁。知道了先到区房交所，然后到市房交所办理。不认识地方，嘴就是最好的导航；不认识人，嘴就是最好的敲门砖。全程手续跑下来，虽然中间有波折，也会犯错，但好处是你真正知道了手续是怎样办的，下次就会更熟练。

早犯错，早实践，早成长

两个月后，我基本可以独立完成各项手续了，对于开发报建流程有了系统性的认识。

对于政府部门的形形色色的人，通过观察，我有了新的认识，政府部门的办事人员也有几种。

第一种是端着架子型的，就是要你尊重或者重视他。无论你的公司多大，他会让你知道机关最大，是最大的甲方。对于这种人，你得想办法打开僵局，与他熟络亲近。

第二种是严谨认真型的，他业务精通，认真刻板，不会刻意刁难你，但是也绝不破坏原则去进行任何灵活操作。遇到这种同志，我们自身的业务能力和流程的操作，就必须得规范，符合各项法规制度，打铁还需自身硬。

第三种是平易近人型的，这样的同志比较和善、平和，最好相处，他会真诚地和你沟通，帮助你办事。

这个经历告诉我，很多事情，难者不会，会者不难，认真做了，就会了。节省时间、提高效率的最好方法之一，就是早犯错，早实践，早成长。

从未触碰的板块，想清楚了再上

2007年年中，KK重组架构，由原东成、华南、弘景三家项目子公司合并成重庆城市公司，目的是集约资源和人才，提升管理效能，为全国化发展建立集团和城市两级架构。三家子公司所有部门合三为一，开发部也不例外，这样人员就出现了冗余。同时，公司需要对业主资源进行整合，维护好客户关系，提升复购率，建立了KK会业主社群。

我本来也是开发部的新人，故顺理成章从开发部调到策划部，负责KK会的工作。

KK会涉及客户的忠诚度管理、品牌美誉度宣传，包括社群运营搞活动、客户大数据管理、外部商家整合，以及《KK会》杂志编辑等，这都是我从未触碰过的板块。

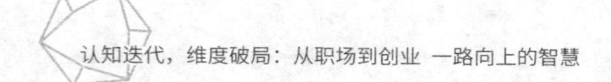

我做事有一个习惯，要先想清楚再干，初期会花很多时间构想整个框架，所以速度比较慢。比如我会思考如何构建 KK 会的价值矩阵，让客户购房之后能够拥有更多附加值；思考是不是可以整合很多商家打折，就像现在的招商银行掌上生活 APP。

思考了一个星期，仍然感觉闭环和细节没有梳理透。但是策划部经理是一个重视结果的人，而且急于出"政绩"，他对我的工作极其不满，批评我工作拖拉，没有执行力。我委屈得很，但又无力争辩。

我喜欢有始有终，担心方案不成熟，欠缺延续性，会影响客户体验。例如：把 KK 会的卡发给客户，他们会不会用？这张卡好不好用？怎样持续地输入和管理数据？怎么服务和解答问题？这里面有好多细节要推敲。

还有一个难点，KK 会没钱。营销费用把控在楼盘策划手上，和房子的销售额发生关联。楼盘花钱能够产生销售额，而 KK 会难以直接产出，属于成本部门。因为没钱，众媒体根本就不理会我，只是场面上和和气气，实际上完全不重视。媒体非常现实，为你服务，只是希望你投入更多的广告费。

关于潜能，没有条件创造条件也要上

那时的我并不了解媒体这个特性，脸皮又薄，不好意思让他们把新闻稿发到大一点的板块。后来策划部又来了一个应届毕业生，被安排每天撕报纸，也就是把每天的地产广告收集存档，监控各个竞争楼盘在报纸、网络等各大宣传平台所投放的房地产广告的曝光数量，以及这些广告的文案和设计风格。于是，我们俩新手就成了策划部工作的边缘人。

采编第一期《KK会》杂志时，缺稿子，我得发动有限的资源征稿。我琢磨每期出刊得有主题吧，就叫上另外那个兄弟，来一次头脑风暴，绞尽脑汁想出当期杂志的主题——"圈层"。两个不懂圈层的底层，就这样开始"玩圈层"。费了九牛二虎之力征得了十几篇稿子，但还远远不够，索性自己写。我写了七八篇，几乎吐血，换了N个笔名进行马甲更换，文风还得不同。这一本杂志让我惊觉自己居然有如此强的写作和角色扮演潜能，比大学时熬夜写情书还考验水平。

总算是把第一期《KK会》杂志给出版了，这也是我第一次当主编，超级有成就感。

用好手中的资源，就能花小钱办大事

会员运营方面，由于实在经不起经理的批评与打击，我只能把事情先做起来。

我想我最缺的是钱，而最不缺的是KK的几万名业主资源，为何不用资源去吸引资源，让别人出钱？房和车都属于大宗商品，人们不就在先买房还是先买车中纠结吗？先买了房的，自然下一个目标是买车，有车的还会鸟枪换炮购置升级。还有许多人先买了车，他们也需买房。

想到这里，我立马行动。中汽西南旗下有20多个汽车品牌，我找到汽博中心的负责人，把方案告诉了他：我们楼盘有场地，业主还算中高端，不如办一场"车房节"。你们把车开过来，并在活动当天拿出特殊优惠，我方组织业主参与，刺激汽车消费。

这个思路与对方一拍即合，我所需要做的就是两件事：一是组织业主；二是租一个气柱拱门放在东方王榭楼盘大门前。

活动异常成功，当天宝马、悍马、JEEP等十余个品牌提供了50多台展车。天湖美镇和东方王榭是公司的两个紧邻项目，两项目中间的道路，当天挤满了靓车和蜂拥而至的业主。我仅用5000元，就举办了一场宏大的"车房节"。

就像高中时，被物理老师冤枉作弊，我用优异的成绩进行回应一样，这次被策划经理指责缺乏行动力，我用小钱办大事给予了反击。

活动之后，恰逢公司在成都成功竞拍拿地，我申请调到成都，投入公司的全国化运营中。

从窝里爬出来，自己去飞

男儿志在四方。从小到大，没有离开过重庆、在亲人的羽翼下长大的我，也需要去到一个陌生的城市独自生活、独自开拓了。

不从窝里爬出来，永远也张不开双翅，拥抱蓝天；不去翱翔，你永远不会看到还有另一片原野，也许是金色的，也许是粉色的；不去经历，你永远也不知道自己有多大能耐。换一个城市生活，你才会知道那里有什么样的际遇和可能。

05 成都，成都

成都像是莎翁小说里的城市，充满可读性，哪里都是故事。

俗话说：少不入川，老不离蜀。你随意问一个成都人，他会毫不犹豫告诉你：成都是一个好地方，生活很巴适。一边引以为豪，一边擦口水，足见这里多么适合生活，而且会让人爱得无法自拔，甚至离不开，跑不脱！

成渝两地有扯不完的爱恨情仇

成渝两地距离相近，地域文化既相仿又相异，有扯不完的爱恨情仇。

就风土人情而言，两者有很大不同。重庆是山城，到处是大山大河坡坡坎坎，是一座非常有棱角的城市，生活节奏快。重庆人的性格也是如此立体而火辣。而成都是平原城市，舒适温润，成都人的性格安逸而包容。

拿交通工具来说，成都满街的自行车、电马儿（成都人这样称呼电动自行车）；而重庆自行车较少，基本上是摩托车，少数骑自行车的也是为了锻炼身体。在成都滑板是交通工具，而在重庆玩滑板就成了极限运动。

我骑自行车就是在成都学会的。中学那几年，父亲从纺织

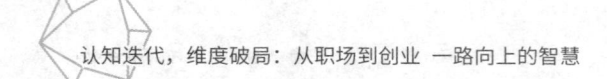

转战物流行业，每年夏天都会去成都运送鲜松茸，我和他同去，就当作避暑。那些知了喧鸣的夏天，我通常会在成都生活一两个月，有时候会跟着父亲去机场、冰厂或者冻库，见证鲜松茸分拣、报单、运送的整个环节，一来二往成了半个"松茸通"。

大多数时候，白天我会花半天时间学习，另外半天拿着一张成都地图，骑着凤凰牌小黑车沿着一环路或者二环路四处转悠。或是去四川大学踢球，去龙抄手（成都餐饮老字号）尝鲜，去人民公园看老头采耳，或是到人南立交桥桥下滑旱冰，去猛追湾游泳……

"三无"挑战

在调令下达的当晚，我迫不及待地收拾办公室物品，搬到我当秘书时购买的"小雨燕"车上，"乘燕燕，上成都"！

2007年再进成都，这个回忆里如同蜡黄色老照片般的成都，瞬间变成了一幅崭新生动的油画，鲜艳而新奇。不同于少时陪同父亲前来，这次是我自己来这里工作。

心情与以往不同，有一丝激动，有一丝忐忑。激动是因为我终于去到另一个城市，可以开始一段真正的异地生活和工作了，对未来的一切充满期待。忐忑是由于这次是带着工作任务去的，到这个陌生的地方，我将面对全新的挑战。

具体来说是"三无"挑战：无成都地产的市场认知，无亲友和任何合作资源，无楼盘策划操盘经验。

通常工作的变化是守旧换新，也就是至少有一样不变，改变某些维度。例如换城不换岗，做过楼盘策划，就换一个城市从事同样的工作；或者换岗不换城，在同一个城市转岗，至少熟悉本地市场。而我既换了岗位又换了阵地，公司也是初来乍到，品牌、口碑资源全无，一切都只有靠自己。

想到这些，刺激又茫然。

恰似一次创业之旅

公司办公室位于温哥华广场，位置在西门一环路，距离青羊宫不远。我们的办公室很旧，也很小，70多平方米，挤着七八个人，上至领导，下至员工，几个部门五脏六腑般聚集在此。

这很像创业，即便公司的生产和管理流程我已经在以往项目中跑过很多遍，但是去到异地开疆拓土，依然是一次创业之旅。

我的办公桌位于进门位置，还好办公桌不像前台，否则我一定会被误认为前台小生。还记得有一个当地的户外媒体公司的老板，到公司看了之后，充满疑惑地问我："你们到底是不是重庆那个KK？"我给予肯定答复后，他戏谑地说："就这办公室！你哪天有空去我们办公室考察考察！"我听了哭笑不得。

原子弹爆炸式的裂变学习

我那时是策划主管，公司打算招聘一个当地人做策划经理——更熟悉市场，由他统筹策划部工作。这却激发了我不服输的个性，我想证明自己具有快速上手策划工作的能力。如果我能够控制住全局，快速熟悉市场，并成为合格的策划统筹者，那么自己是否有机会上位？现在我最大的敌人是时间，要了解、学习和掌握的东西太多了，唯有把"三无"变成"三有"，甚至"三好"，才有可能实现抱负。招聘信息人力部已经挂出去了，留给我的时间只有两三周，最长不超过一个月。

这几乎需要原子弹爆炸式的裂变速度去学习，为了快速上手工作，快速甚至飞速读懂成都，我给自己制订了一个严密的学习实践计划。我需要解决三个问题：第一，学习策划专业知识，包括方案撰写、策划执行、媒体投放等；第二，了解成都房地产市场，包括消费习惯、行业营销手法、市场的代表性项目、产品特征和板块价格竞争格局；第三，快速建立人脉及合作资源，搜集电话、联系人、价目表，评估有效性。

我从网上下载了一些信息，又找重庆的同行朋友要来了几百个项目策划方案PPT，包含定位、营销、推广策略、活动方案、开盘执行等内容，每天晚上研读并拆解方案的骨架，分析方案的设计脉络，然后结合我们的项目，学着写宣传推广方案和营销方案。

写出来之后，我先给公司领导呈报，然后继续修改，与广告公司大咖切磋探讨。为了踩盘了解市场，我购买了《居周刊》《成都楼市》《成都房产报道》等杂志，上面有成都楼市各板块的项目分布图，以及所有项目的产品类别和价格清单，可以全方位获取信息，提炼出每个板块的代表性项目。

实地考察与资源拓展

我专程去九眼桥二手市场花两百元买了辆自行车。在成都，自行车比汽车好使，便于四处穿行。那年头还没有智能手机，更没有高德地图、百度地图，轮子越少越便捷，不受单行道阻碍，也不用耗费时间找停车场。白天我踩着自行车，一天考察一个房地产板块——北至驷马桥板块；东至火热的建设路板块；西至羊犀线，并向郫都（当时还叫郫县）发展的板块；南至桐梓林及往南延线伸展的板块。

合作资源方面，我四处收罗联系电话。通过朋友介绍资源是最好的链接方式，晚上参加行业聚会，就可以认识许多同行，成为新的朋友。他们熟悉成都市场，既是我了解当地市场的"老师"，又是我未来的合作伙伴。

他们给我讲解了成都楼市的前世今生，介绍成都市场以及成都人的特性。他们说成都人喜欢吃，喜欢玩，喜欢有调子、有故事，所以项目一定要会讲故事，抓眼球。他们还向我介绍了每个媒体渠道及每种合作资源的特点，什么样的推广在哪种媒体上更有效，哪家资源类公司擅长做什么。比如《成都商报》，一家独大，几乎抢占了70%的报纸地产广告份额（即房地产广告在各家报纸投放的市场份额百分比）。

"若欲成功，必先发疯"

为了抓紧时间学习，我平均每天只睡四五个小时，晚上不是社交拓展资源，就是写方案、看方案，白天更是安排得满满当当。

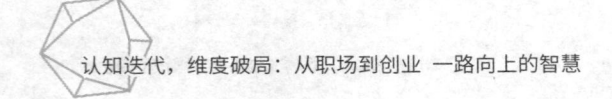

记得那时候骑车走在成都的大街小巷，最喜欢看的，就是户外广告，你可以看到什么项目在推广期，广告诉求、产品记忆点是什么，更重要的是，广告位旁边都会标注户外发布商的电话。我每每都会停下自行车，掏出手机，存下这个媒体的电话，回到办公室跟他联系。在成都这样一个城市道路动脉（一环、二环、三环以及南北东西的主要动脉道路网络）清晰的城市，一旦项目的户外广告占据一环路、二环路、人民南北路和蜀都大道，就意味着进入了成都老百姓的视线。

就这样，我飞速成长，几乎到了走火入魔的地步！有一天为了调节一下心情，我步入电影院，看任达华主演的《跟踪》。当画面随着男主角来到香港某商圈时，四处密布户外广告，我居然下意识地掏手机，准备记户外广告发布媒体的电话号码——看来职业病病得不轻。这就是"若欲成功，必先发疯"吧！

赵雷那时还不红。庆幸的是，玉林西路尽头的小酒馆已经颇有名气。还有玉林串串香，以及少林路的88号，可以让我借酒肉还魂，从疯狂回到人间。

06 品闲适成都，导"一城故事"

环境和气候造就城市味道和百姓性格。

山城重庆地形起伏，高高低低，两江环抱。这里夏季天气湿热，是著名的火炉，四十几度的高温，锻造了重庆人的豪情与火爆，山城美女爬坡上坎，身形苗条，却性格泼辣。

成都地处平原，气候宜人舒爽，这里的人闲适绵柔。作为休闲之都，成都和广州、杭州、昆明等城市一起被选为中国最宜居的城市。茶馆散布街头巷陌，麻将响彻桌椅乾坤，麻辣美食味绝天下，"天府之国"名不虚传。

历史长河里的文化之城

成都是一座文化之城，有着几千年的文化积淀，金沙江的雄浑瑰丽，三国时的惊涛拍岸，杜甫的高远浑厚，李白的豪迈劲健，一起写进了今日成都的阡陌巷子。

若要搞懂成都的房地产，在这里做好营销，首先得读懂这座城和城里的人。我这个"重庆崽儿"，独在异乡为异客，初到此地，立即让自己变成一个敏锐的城市观察者。我如饥似渴地品读这座城，研究成都房地产经典营销案例。

这座城市本身就是一件巨大的商品，成都人与生俱来这么

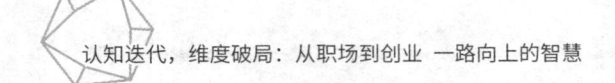

认为，确切地说是这么做的。成都人说这是一个来了就不想走的地方，成都站出口赫然写着"来过就会留恋"。

城市的主角是人，为了不辜负"天府之国"的恩赐，成都人会在府南河边品上一下午菊花茶，菊韵悠长，而喝龙井似乎多余。为了伴奏成都的悠闲，四方角落发出"成麻"清脆的碰撞声；为了吃、玩有更多花样，每一个餐厅殚精竭虑，创造自己独特的风格，从店内的饰品和桌椅样式，到墙上的文字内涵，充分展现着幕后主导者的生活态度和各自特立独行的审美。

因此，这里可以有古玩市场，生意兴隆且长盛不衰；可以有电影吧、书吧、爵士吧，不会因为共鸣者太少而面临关门。因此，无论张学友、刘德华、周杰伦，还是五月天、潘玮柏，都能来这里开唱而不会亏本；李宇春、张靓颖、谭维维都红自这里；这里可以把营销做到最CHIC，而不用担心曲高和寡——"CHIC"来自法语，即时髦的意思，比fashion来得更到位。2008年成都业界讨论最多的是一则关于"非主流"的广告，其中一句广告语如下：开宝马的别来，否则纯属是没事找事，我们不欢迎主流！

一石激起千层浪，整个业界为之哗然，名博纷纷刀剑出鞘。

翻阅、读懂这座城市

成都华润·翡翠城位于东湖湖畔，景观绝佳，但是华润觉得不够CHIC，在现场建起一座外形酷似UFO的"live体验舱"。在体验舱内用虚拟现实技术现出一个主持人，带领你穿梭于华润置地的企业和楼盘之间。为此,《三联生活周刊》赶来报道。不管百姓买不买房,也不管华润卖不卖房,众多人至少会慕"舱"而来。

成都华润的另一个项目——二十四城,在城东420老厂原址上重建。420厂是成都老牌军工企业,换成一般开发商,会立马推倒重做,要多彻底有多彻底。然而华润在这里驻足圈地后,决定留下点什么。他们将420厂的机器放置在售楼部,于是这些笨重老疙瘩摇身一变成为最贴切的艺术品:有什么能比用陈年老物件讲故事更胜一筹的呢?

贾樟柯为此项目拍摄了《二十四城记》。作为中国第六代导演中的佼佼者,贾樟柯是个很会讲故事的人,而二十四城的过往岁月中发生了太多的故事,两者结合堪称完美。

成都人热爱成都,成都人充满自信,成都人自持一方,无论背负怎样的懒散骂名,他们总是那样怡然自得。成都人热爱文化并热衷于成为文化的一部分。当翻阅、读懂这座城市时,即将面临新岗位考验的我,既兴奋又彷徨。

珠玉在前,如何破局

我居住在单位临时租来的宿舍,位于红星路二段一个建于20世纪80年代的老社区的底楼,一张榻榻米是房间的全部家具,它无时无刻不在提醒着我——你只是这座城市的过客。简洁的另一个好处是清爽,房间没装空调,其实也用不着,大部分夏季凉爽的夜晚,风扇都可以不开。

通过两个月开挂爆破式的学习调研，我对成都市场以及策划专业都有了自己的理解。成都的朋友也给了我许多启发，他们告诉我，行业里有两家异地公司落地的营销烙印让人特别深刻。一是龙湖，一夜醒来，户外抬头即是"善待你一生"的广告语，讨好了成都人；二是蓝谷地，"一个好地方"这句简单的话语，"满城尽带黄金甲"般占领成都。

蓝谷地其实是融创开发的，但那个年代融创这个名字尚不响亮，而且项目品牌大过公司品牌，枝叶秀于主干。这两家公司运用了同样的营销手法，让成都人一夜皆知——户外广告风暴发布。

KK当时在重庆已有比较响亮的名气，但在成都的品牌知名度还不够，更别谈美誉度了。新拿地的首个项目位于城北的驷马桥，在成都人的心里，"东穷、西贵、南富、北匪"，北部贴着"北匪"的标签，显然城北落后，治安混乱。

所以，我们面临品牌落地、项目认知的课题。

第一波事件营销，一举两得

屋漏偏逢连夜雨，龙湖、融创蓝谷地之后，各大开发商纷纷效仿，成都户外广告价格飞涨，我们的费用十分有限，根本无法花大价钱专门做一次轰轰烈烈的户外风暴。而且有了第一次，第二次、第三次就不足为奇了，我们只能另辟蹊径，大破大立，创新破局。

于是我花了几个通宵构思出了整个策划推广方案。

方案中，品牌及项目落地一气呵成，整个立题聚焦在笔画最少的"一"字上，驷马桥项目案名就叫"KK一城"，用三大事件营销进行品牌落地，连带项目造势。

成都的街头巷尾，不是打麻将的，就是喝茶聊天的，既然成都人喜欢玩，我索性把文化和口碑传播利用到极致，充分制造噱头进行"病毒"营销。

某个早上，成都人刚刚醒来，看到成都所有报纸的头版，同时刊载了一则招聘广告——"在成都，从一做起——KK地产专场招聘会"，街头户外同日亮相。在常人的认知中，招聘都是在内版发"豆腐块"，现在居然包下了所有报纸的头版广告，用于招聘员工，可见这家公司一定实力超强。

这个创意背后的逻辑是：如果一上来就大开大合、高屋建瓴地讲企业本身，无论从哪个角度看都有自卖自夸之嫌。而KK刚到成都，本来也需要吸纳人才，所以源于这个灵感，我干脆就把第一波事件营销的破题点，放在了企业招聘上。愿意包报纸头版、做户外搞招聘的公司，一定是有实力的大公司，并且是一家重视人才的公司。既然重视人才，那么这家公司的产品服务就是一流的。四两拨千斤，隔山打牛，不言自明。

主题"从一做起"，中心思想放在"一"字上，这个"一"，既代表了KK才到成都的一份谦逊，也是一种基于踏实做事后对产品的自信，同时也从做好"KK一城"这个项目开始，KK在成都生根开花的铺垫。

看似声势浩大，其实总体费用是完全可控的。我采买了几个关键城市节点（关键地段、关键位置，就像城市的关节，地产行业称其为关键节点）的户外广告，而在报媒广告运用上，只是改变在一个周期内零散投放的俗套打法，改为在一天内进行集中投放，这样既省钱又聚焦，影响力惊人。

那场招聘会在五星级凯宾斯基酒店举行，来了2000人竞聘，异常火爆。我在推地产品牌的同时，也为人力行政部做了一件好事。

以上是第一波事件营销。

曲线渗透，围绕亲子教育做文章

第二波动作，搞完招聘，搞"孩童"。那时，国学教育开始复兴，成都大力提倡读国学经典，我们借机通过渗透学校，做了一次"精准发单"。所谓"精准发单"，不是常规的在街上乱发宣传单，那样只会被作为垃圾随手扔掉。我们免费派发的，是专为成都小学生印制的《三字经》，只是把我们的企业和项目信息巧妙地设计在里面——"道生一，一生二，二生三，三生万物。KK一城送你《三字经》"。

这次的破题点，意在通过孩子影响父母，《三字经》是实用的有价值的文化瑰宝，父母都重视孩子的学习，不会扔掉。事后让媒体对此事进行二次传播报道，建立企业重视文化、重视亲子教育的美誉度。

借势电影《疯狂的石头》

第三波事件,借了块"大石头"之势,那就是 2006 年全国最火的国产电影——宁浩导演的《疯狂的石头》。这部小成本电影的黑色幽默,击中了大江南北观众的笑点,捧红了黄渤等一众明星。

我用小成本赞助了由开心麻花编排的《疯狂的石头》,那年开心麻花尚不知名,甚至在接触到这个资源前,很多人压根儿就没听说过开心麻花,所以赞助费不高。老百姓只关注"疯狂的石头"这个名字,以及"我叫谢小盟,叫我查尔斯好了"的谢小盟真人出演。对于这部大热影片的同名话剧,老百姓同样十分期待。

这场话剧,部分门票用来售卖,我们以此收回成本。另外预留了几百张票,拿来干吗呢?做足影响力,做足噱头——送人!但不是送一般的人,而是又搞了一个花样,送给在成都姓金的人,只要你姓金,即可免费领取两张《疯狂的石头》话剧版门票。作为"金"姓的人,感觉如此幸福,居然可以免费看《疯狂的石头》。

我们还特意把领取话剧票的地址和时间,集中在了秋季房交会期间 KK 一城的展场。这一操作诞生了一个神奇的现象,那就是数百个姓金的人,齐聚一堂,来了场"金粉大联欢"。

这就是我想要的效果:有趣有料有爆点,而且具有强关联性,可以让老百姓通过"金粉"的概念认识 KK。而且《疯狂的石头》拍摄于重庆,全剧讲重庆方言。起源于重庆的企业 KK,

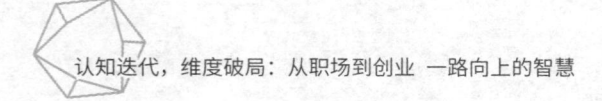

来到成都,"讨好金粉",刚好贴合。

做自己生活中的导演

腊月最后一天,天气寒冷,KK一城在售楼部门口的临时道路上摆满座椅板凳,首期开盘。四川卫视六套专门安排了一辆直播车到售楼部,对摇号开盘进行现场直播。KK一城成为四川省首个电视直播开盘的地产项目,并持续热销。

为了纪念这次传播营销,也为了再次传播,一鱼多吃,开盘后我们用《色戒》这部影片的片段进行剪辑,策划部小伙伴自己上阵配音,制作了一部短片——《一城故事》,用幽默的台词和有穿越感的画面,讲述KK来到成都策划三次创意营销事件的整个过程。短片发布到新浪视频,仅两天时间,点击量破万。

我曾梦想成为导演,但没有去实践,没能成为真正的职业导演。我慢慢发现:在生活中,在工作中,无处不可以成为自己的导演,成为事件的导演。只要你足够用心和努力,愿意去精妙构思,在头脑中投射出待办事情的目的、过程、策略以及想要达到的效果,就像导演思考拍摄和讲故事的手法那样,本质上,你就已经是一个燃烧着创作激情的、不折不扣的导演,并能拿到属于自己的"小金人"!

07 大地震和职场危机

还记得我那个不服输的小抱负吗？是的，我那么努力，扎实锤炼策划基本功，全身心投入工作，融入成都这座城市，是因为我希望能够在每个岗位上成为最好的。我努力把每一次项目策划都当作案例来做，把项目的策划宣传做到极致，力争成为行业内外学习、借鉴、研究的标杆。

KK一城首期开盘300套房源，2小时即告售罄，首战告捷。

公司计划招聘策划部经理，但没有招到比我更适合的人，于是，我当仁不让地升任为策划部经理。

人生得意处，酒到半酣时

1月25日，成都罕见地下了一场大雪，雪花落在身上，很快融化掉。

当天，公司发文，原成都公司营销副总调到另一区县城市公司任总经理（全国化的地产公司，管理架构分级通常以省或者几个省为单位成立区域公司。区域公司通常直接负责区域直属的省会城市的项目开发，对下面的子公司项目以管理、辅导为主。然后以市、县为单位成立城市公司，若干个城市公司隶属于上级某个区域公司，被上级统筹管理；但是城市公司也有管理班子，这个管理班子更多的是管理城市和区县的房地产开发，更偏重项目管理）。为了更好地协同营销体系，成都公司将策划部、销售部合并，成立营销部，并进行了营销经理，即成都营销第一负责人的竞岗。我和销售经理竞争，并赢得了这个职位。

竞岗成功后，我请同事们到北书院街吃"三哥田螺"，这家店创立于1989年，乃成都祖师爷级别的著名"苍蝇馆子"（四川方言，指环境比较差，不太注重装潢，但是味道比较有特色，有烟火气的餐馆）。白色略带油烟痕迹的招牌，上书红色店名"三哥田螺"，两盏日光灯管将这块低调沧桑的招牌打亮，沿街散落着稍显油腻的桌椅。可当你吃下那一口辣炒田螺，夹起香辣鳝段，口中炸开火爆兔腰的汁水时，一切不适都烟消云散。

不知不觉，来到成都这座城市已近一年。我逐渐习惯，并爱上了成都的生活。

我们喝啤酒，吃田螺，逐渐微醺。前段忙碌的日子浮现在眼前：每天工作17个小时，几乎无时无刻不在思考——思考工作，也思考自己在这座城市里的位置。

重新定位："行者""骚人""抢匪"

来成都后，我开始抽烟了，让自己笼罩在烟雾里，沉浸入思绪中，我慢慢读懂了这座城市，也融入了这座城市。然而此时的我，再度前行时，行往何方？我到底是谁？我心中浮现了三个词：生活中的"行者"、城市里的"骚人"、营销界的

"抢匪"。

人生是一场历练的旅途，重要的不是得失，而是经历、体验，做生活中的行者，足矣！

成都是这样一个文化土壤丰沃的城市，从古至今，文人骚客扎根于此，枝繁叶茂、硕果累累。我希望在成都的日子，每天能从这座城市吸取文化养分，濡染一分"文气"。

电影《大腕》中，李成儒扮演的精神病人有一段关于房地产的经典台词，如今已经变为现实，那段话甚至可以上升为地产教案："一定得选最好的黄金地段，雇法国设计师，建就得建最高档次的公寓！电梯直接入户，户型最小也得四百平方米，什么宽带啊，光缆啊，卫星啊，能给他接的全给他接上，楼上边有花园儿，楼里有游泳池……"

营销讲究的就是定位、包装、调性。重庆人直爽，营销人现实，我要做业绩的"抢匪"。

5·12，濒死体验，这一生的回顾

一夜过后，回到公司履职新岗位。此时的办公地点，早已从最初的温哥华广场搬到了位于红星路一号桥的通美大厦，距离KK一城项目更近。

一如既往的繁忙，每天奔波于项目、公司、宿舍三点一线，直到那个可怕的中午。

那天是5月12日，正巧我从公司回到宿舍午休，准备下午去项目上。这是我们在成都的第二个宿舍，一年前那个一楼的小院已经成为过去式，现在的宿舍位于一环路边上府青立交旁的一栋高层单体楼小区，我和两个同事住在 11 层的三居室。

睡梦中被摇醒，我感到身体在晃动，但周围异常安静。竖起耳朵，我逐渐听到从房屋墙体的内部发出"轰——轰——轰"微弱沉闷而有规律的声响，心想：这是啥情况啊？难道是楼下过重卡导致房屋摇晃，还是我睡晕了产生幻觉？

响动持续着，没有停下来的意思，似乎有些不对劲，这种情况从未有过。我赶紧跑到窗边，往下一看，发现好多人站在楼下的环道路边抬头仰望这栋楼，其他并无什么特别。

房屋越发摇晃得厉害，"砰"的一声，客厅饮水机摔倒在地上。我似乎想到些什么，心里咯噔一下："难道是地震？！"我不太确定，因为从未经历过地震，而且周围依然没有任何动静，一切是那么安静。"灾难发生时不是应该四处充满惊恐的尖叫声吗？"我有些纳闷。

房屋晃得如此厉害，我嗅到了死亡的味道，担心房子垮塌，横梁砸在头上；或者即使没砸中我，也会将我深埋在厚厚的钢筋混凝土瓦砾下。若是那样，我不知道能否再见天日——原来死亡逼近时，人们并非都是激烈地惊叫着、逃窜着。死神有可能以这种方式，悄无声息地逼近，举起收割生命的镰刀……

我躺在床上，清晰地听见了自己心脏剧烈跳动的声音，它似乎要破开胸口，挣脱出来。我好后悔：为什么要来成都？为什么要中午回宿舍？为什么要住在 11 楼？可此时怎么办呢，我想现在不能跑，如果跑的时候碰上房屋倒塌，一定没活路！我从床上滚到了床边的三角区，寄望于即使房屋倒塌，也能有一丝空间留给我，等待救援。再一想楼上还有十几层，"哎！也没别的办法了，听天由命吧！"

躺在床边三角区冰冷的地面上，我仿佛看到了父母亲切的面庞。如果我就这样走了，都没有机会和他们道别，他们得有多伤心、多难过！我又仿佛听见了萌的声音——就在不久前，我们通电话时，她说此刻好寂寞，好在快毕业了，年底就能回国。

短短一瞬间，我回顾了自己的一生，发现自己还如此年轻，没有做出什么成就。人生尚未真正开始，难道就要谢幕了？

度日如年，死里逃生

我开始祈祷奇迹和转机，眼睛直直地盯着天花板，期望它能够撑住。我伸手从椅子上把衣服抓过来，在地上左滚右爬地勉强穿好，等待摇晃停歇的那一刻——立马逃生。然而，晃动仍在持续，每一分每一秒，仿佛一个世纪一般，慢到人在期盼与恐惧、希冀与绝望中翻腾……

终于！摇晃停了！我弹起身冲出房间，跑过客厅时看到一片狼藉。我不敢坐电梯，像是学会了轻功，从11楼连滚带跳地沿着消防楼梯速降到车库，"点燃"我的"小雨燕"，弹射出了车库。那一刻，悬起的心才终于落下——我死里逃生了。

冲出来后，我立刻给家人、同事打电话，想知道发生了什么，他们怎么样了。但是信号全无，电话一个都打不出去——

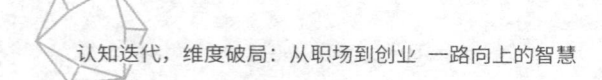

整个通信网络瘫痪了。

待晚些时候网络恢复，我才知道所经历的震动摇晃源自汶川。那天是 2008 年 5 月 12 日，汶川大地震。

灾难过后，一切仍要继续

当晚，家在异地的公司同事集中到市外北湖边的农家乐，在车上睡了一晚。第二天，单位随即开始组织抗震救灾，成都的超市已经被抢空，矿泉水、牛奶、方便面等都成了稀缺品。我们联系总部，从重庆发了一辆满载救援物资的大货车过来，我也随同大货车一起到都江堰聚源中学，只见那里一片萧条，悬浮的空气凝固着死亡的气息。整个城市像被按下了暂停键。

学校教学楼倒塌，形成一座小山，救援队员戴着口罩，一字排开传递砖块。旁边搭了一个棚子，下面是一排用布盖着的遇难者尸体。没有人说话，没有人哭泣，这种时候，所有人真实的表情是，有凝重，有不解，甚至有些木讷。在经历了这一切之后，还能怎样呢，只能接受上天的安排，然后继续做该做的事情。

对于房地产行业来说，地震之后，市场跌入谷底。几乎没有人有心情买房——也不敢买，不知道地震对于建筑物的质量有多大影响，更不知道对于之后的楼市有什么影响，房价也许会大幅下跌。全市的百姓都开始观望。

但公司仍要经营下去，业绩指标摆在那儿，银行、股东也不会因为地震就给你缓期。作为职业经理人，作为营销第一负责人，我倍感压力。

我经历的职场大地震

我几乎天天召集团队开会，制订突破办法，挖空心思找客户，找破局点。那期间几乎所有的成都楼盘广告，都把抗震烈度8级以上作为主要宣传卖点。好似大家都在卖抗震房，足见地震这件事情对于百姓和地产行业的影响有多大。

为了逆势破局，我们经常开会，常常从下午开始，饿着肚子开到凌晨。

我并非一个情商很高的人，特别是成长过程中大部分时候独处，不善于体察、理解别人的感受。我一旦进入工作状态，就特别专注和投入，容易忽略周遭。会议一旦开始，我就全神专注、废寝忘食，忘记了同事们在饿着肚子，忽略了长时间高压下同事们的情绪、感受以及家人的期盼。而且迫于压力，开会时我的脾气比较急躁，梳理工作、倒逼业绩时咄咄逼人。

渐渐地，团队成员对我产生或者说积压了诸多不满。突然有一天，总经理找我谈话，说团队几个人都在反映我的问题，甚至有人写了投诉信，罗列了我的种种问题，递送到集团，请求将我撤职。他告诉我管理不能这样干，否则是要出大问题的。

那一刻，恍如晴天霹雳，我既意外又心酸，既难过又无助。

2008年，汶川大地震，而我也经历了职场上的大地震。人是不是必须经历磨难和痛苦才能醒悟和成长？

08 颠覆式营销：十年城在哪里

现在流行说"燃"。人年轻时，如果能够燃烧自己，投入到热爱的工作中去，专业、工作、爱好恰好融为一体，形成使命，开创事业，是何其荣幸！这会让我们飞速成长，人生变得斑斓多姿。

为爱回归，再见成都

2008年底，萌结束了七年的海外漂泊，回到故土。为了团聚，同时操办婚事，我离开成都，返回重庆。

离别时回首，原来不知不觉中我早已熟悉了成都的一切。蓉派火锅、软绵绵的成都话、涓涓细流的府南河、一马平川的城市面，早已刻入了我的记忆，更别谈半边桥的老妈蹄花、莲花府邸的驻唱歌手、凉爽的冷啖杯（街边大排档，吃卤菜喝啤酒，老成都的一种吃法）、层出不穷的舞蹈话剧音乐会、各有特色的老板，以及多姿多彩的文化。

这里的生活就像熊猫，表面上看是简单的黑白、慵懒、节奏迟缓，但注入了血液，有了心跳，黑白的位置放对了，它就是"国宝"。

重庆公司的管理岗位"一个萝卜一个坑"，且项目楼盘众多。若要调回去,职位必须降一级,从城市营销第一负责人,变为分管一个片区的"主任",负责两三个项目。这个制度是发展型企业常用的,目的是鼓励员工外出征战,开疆拓土,通常离开家乡就官升一级,而回来就降一档,以此让"外出的和尚愿念经"。

困难重重,销售如何破局

回渝后的两年时间,我负责北区销售,操盘 KK 东方雅郡、十年城、太阳海岸等项目。

东方雅郡位于金开大道 3 号,紧邻天湖美镇、东方王榭,此区域经过五六年的房地产开发和城市发展,已经相对成熟,是市民认可的高端住宅区,项目卖得比较好。

太阳海岸是美式风格的三联拼、四联拼的联排别墅项目,邀请了知名设计师干彤进行设计,但是楼盘位置在当时有些偏远。我在负责太阳海岸操盘时,充分运用圈层营销,搭建了"企业家俱乐部"圈层,举办了多个高端活动,通过活动引流,项目清盘售罄。

但十年城的销售却十分艰难,这个项目所处的石子山片区尚在开发初期,人们的心理认知上就觉得比较偏僻。内环道路石子山下道口尚未修建,这个区域的配套也没有,只能去大竹林板块消费。即便是大竹林,那时候也属于当地人所认知的落后偏僻区域。而且小区门口有一条未完工的道路,若是修通后将从内环高速路底下穿越到冉家坝片区,但现在是一条死路,

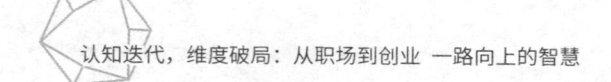

修到内环就断了。十年城尚未连接龙湖源著等石马河板块，它像是一个孤盘，在内环和大竹林之间顽强生长着。

此前，KK 还可以靠"洋房专家的产品力"（KK 地产在房地产业界被称为"花园洋房专家"）卖花园洋房，而当我接手的时候，洋房已销售殆尽，主要在售的是高层产品，销售滞缓。别说成交，连上客量都寒碜，一天到不了几组客户。置业顾问天天在售楼部打苍蝇，士气低落。公司下达的任务很重，几乎要求每个月推出一栋高层并去化，如果不从根本上颠覆破局，是绝对不可能完成销售任务的。

房地产第一是地段，第二是地段，第三还是地段

我把团队骨干召集起来，并叫上了广告公司和所有一线置业顾问，请一线销售人员逐一分析项目存在的问题：客户到访量为什么那么少？大家反馈说其实很多客户是听说过"十年城"这个项目的，但由于我们这里通达性不好，找不到地方，对所在区域不认可。而且还有公司内部楼盘竞争，当时十年城高层卖 4500 元左右，而 KK 大酒店旁公司自己的项目 KK 小城故事，配套更成熟，才只卖 4200 元，你说十年城怎么卖？

有一名置业顾问说，买高层的客户很多都没有车，而到达项目只有一路公交车，有些客户需要打车来，可是一坐上出租车告知去 KK 十年城，司机都不知道十年城在哪里！当告知司机十年城的位置在石子山或者大竹林的时候，要么不知道怎么描述具体交通线，要么司机会怼一句"这么远啊"，直接把客户

的购买意向打消殆尽。

那时可没有手机导航。看来地理位置的问题，是一个不得不攻克的山头。连楼盘位置都找不到，或者不认可，客户怎么会买这里的房子？李嘉诚说，房地产第一是地段，第二是地段，第三还是地段。

怎么破呢？

穿透式营销造势：瞄准出租车司机群体

想了又想，突然一个声音冒出来："司机都不知道十年城在哪里。"是啊，十年城在哪里？这个问题，不就是我们要解决的问题吗？为什么不把这个问题直接抛向市场，把这句话作为广告语，让大家来谈论和探寻呢？

于是在重庆的户外广告牌和报纸上，出现了一个白底红字的大问题："十年城在哪里？"

这一悬念营销极大地引发了关注，这不是通常的陈诉型或者自卖自夸型广告，以疑问句的形式从众多广告中脱颖而出。所有看到这个广告的老百姓，按照思维习惯，都会去想两秒——"对啊，十年城在哪里啊"，然后有购房需求的人就会紧接着通过网络或者朋友去探寻一下。

另外，我还要解决一个到达渠道的问题，那就是出租车司机。经过了解，重庆大约有7000辆出租车，如果能够影响这些出租车司机，让他们知道十年城的位置，并且愿意带客过来，将为到访带来极大助力。

怎么影响出租车司机呢？出租车司机都喜欢听交通广播，而交通广播有一个专门为出租车司机开辟的栏目，叫《驾驶员俱乐部》。

我找到了交通广播电台，沟通合作方案，还把《驾驶员俱乐部》的主持人童浩请到了我的办公室。要引起出租车司机的关注，必须提供跟他们切身利益相关的奖励，而他们对房地产项目是不感兴趣的，所以我们打算免费为出租车司机的家人购买保险。出租车司机通常都买了保险，但是他们的家人许多没有买，能够免费得到一份保险保障，何乐而不为？唯一的要求，就是到项目现场去办理。临近夏日，每一位到访楼盘的出租车司机，还可以免费领取一箱矿泉水，这样其到访意愿就更高了。

为了把出租车司机"搞透"，搞成"自己人"，在办理保险之前，我们还设计了三个步骤：一是宣读关键人积分合作政策：凡是运送购房客户到现场的司机，即可凭客户打车金额，再来报销一次车费，相当于有双倍车费收入，并且加盖一个印章，累积有奖品。二是进行楼盘介绍，若是出租车司机家庭购买，有额外九八折优惠。三是在副驾驶台上安装"叫车服务卡"，并享受200元油费补贴，只是这服务卡背后印有十年城楼盘广告。这样一来，我们相当于做了几千台车的定向广告，拥有了几千个出租车司机关键人，谁都愿意往十年城载客，而且说楼盘好话。最终还有两个出租车司机自己购买了十年城的房子。

这一波营销推广，无论是噱头还是解法，可谓精准，线上线下配合得天衣无缝，让十年城在重庆一下子打开了市场。

"消失"的创意,舍即是得

十年城东区很快售罄,西区即将迎来面市。西区的预热期,正值重庆市春季房交会期间。春交会期间的报媒有一特点,就是厚厚的一摞,全是房地产广告,任何广告几乎都会淹没在字典般的信息堆里。

那一年,上海出现了著名的"楼脆脆"事件,就是闵行区莲花南路一栋竣工未交付的13层高楼整体倒塌,遭到网友抨击,得名"楼脆脆"。这是消失的楼。

同年,美国柯达宣布停产克罗姆彩色胶卷,并将最后一卷克罗姆胶卷交给了摄影师史蒂夫·麦凯瑞。这位摄影师曾用柯达克罗姆胶卷拍摄了全球知名的《阿富汗少女》。这是全世界第一款真正意义上的彩色胶片,此刻,它也随着时代的进步而消失了。这是消失的胶卷。

为了从众多营销广告中跳脱出来,借着以上这些热点事件,我上了一个近乎"白板"的创意广告:画面中,除了一张椅子,什么都没有。这波推广的主题是"十年城,正在消失"。十年城当年劲销10亿,房源迅速清空,这是消失的十年城的真正含义。

在信息爆炸的情况下,简洁清爽反倒能够吸引受众,抓取眼球。少即是多,舍即是得!项目就这样火热起来。

随后我又陆续推出了"再见,十年城""十年城,进入黄金时代"等一浪接一浪的创意营销。

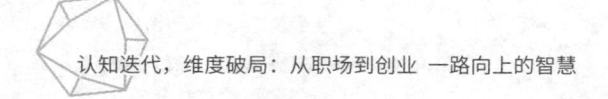

悟：对待工作，带上一颗"玩心"

在接下来的 2010 年，我忙碌依旧，热血依旧，马不停蹄地研究方案，制订推广策略，参与终端问题解决，年终交上了一份漂亮的答卷：我带领的 KK 营销北区一帮"80 后"和"90 后"，全年执行大小活动 60 余场，接待客户 6000 组，签订 9000 套购房合同，当年再创 20 亿销售额。

2010 年 12 月，我坐在电影院观看姜文导演拍摄的荡气回肠、情节反转迷离的电影《让子弹飞》，惊觉这哪里是拍电影，分明是在玩儿。对待工作，难道不应带上一颗"玩心"吗？如此才有趣，结果也会更好，每一个参与其中的人，无论演员还是观众，都会乐享其中。

09 创造力与团队管理

在成都工作时不被团队认可的经历让我深刻反思自己,除了抓业绩、钻研营销专业的事情,更要关注团队,注重管理。

像研究专业一样研究人、研究管理

去成都以前我没有做过严格意义上的管理工作,置业顾问、秘书,借调开发部、销售支持部,要么自己管自己,要么协助管理,做一些简单的事。再往前大学时当学院干部,因为同学们都比较单纯,读书时不牵涉经济利益,有活大伙儿都是一腔热情共同干,相对好管理。但现实社会就要复杂得多,因此我在管理上的稚嫩暴露无遗:几乎对人性一窍不通。那时候潜心聚焦于专业,是个彻头彻尾的专业主义者——只知道做事,不会做人,每天只想着楼盘的宣传推广,只想着卖房子。

后来,一个领导给了我一句提点,对我的帮助很大,他说:"唐畅,你要像研究专业一样研究人、研究管理。"

是啊!这句话让我醍醐灌顶,改变了我的注意力和思维模式,我开始把关注点转移到人身上,关注团队成长。在成为管理者,带几十个人的团队,经过两三年的管理沉淀后,我的管理经验逐渐丰富,也越来越多地去关注团队文化、团队成员的

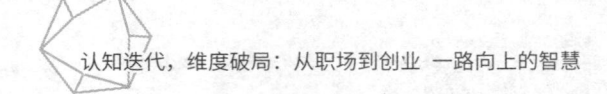

心态，以及团队中每个人所发挥的作用。

无论是公司上层，还是基层同事，判断一个人的管理能力，很可能是通过"弦外之音"来判断，即通过业绩以外的方方面面看一个团队的状态。我那时已经留意到这一点。团队的凝聚力，只能在一次一次共同创造团队成果的过程中形成。

团队软实力战例

2011年的公司年会上，我们编排了一个大胆的创意节目，节目的名字叫《魔毯》。用手电筒的光投影在幕布上，用光点拼凑组合成各种各样的图形和数字，用图形和数字作画，配合音乐和文案朗读，讲述KK过去一整年的企业故事，讲述我们的业绩、未来的憧憬和企业的愿景。

为了表演好这个创意节目，我们团队进行了精密的创作编排，把每一个文字图形进行排版，把每一个光点进行编号。每一位表演的同事手持两个手电筒，并控制两个编号。

每天晚上下班后，全团队在售楼部旁的空置商铺里，摸黑排练。幕布是一片纯白，没有任何的记号，每一个光点和周边其他人的光点，必须精准地射向指定位置。因为这些光点之间相互影响，发生着关系，所以一个光点走错位，就会导致整个画面失去效果。整个节目大概要表演三四十幅画面。每个人都很认真，虽然排练很辛苦，但是很有趣，我们是在进行一次美妙的光影灵魂之旅。

最终，通过刻苦训练，我们已经能够非常精准地驾驭这些光点。随着音乐和叙述声音的流淌,这些光点像跳跃的精灵,在幕布上不断变换着组合,演化为一幅又一幅蕴含故事的写意图画。

这个节目惊艳了所有人。公司领导和各部门同事,对于手电筒之舞《魔毯》都给予了很高的评价,也对我带队伍的能力和创造力大加赞赏。

创造,是一个不断跨界、开创式学习的过程。

创造,让团队充满活力

创造,从来都是我喜欢做的事情。循规蹈矩的工作,有时会让人麻木,甚至失去激情。无论从事什么职业,处于什么部门,做什么工作,我觉得都不应该失去激情、热忱和创造力。

创造的另一个好处,是激发团队活力,让团队成员变得更加融洽。大家觉得在这个集体里工作,每一天都是崭新的,既新奇有趣,又可以学习到新的东西,提升自我。而且大家都是年轻人,不喜欢刻板训诫,而倾向于在真诚、欢乐的环境中工作、生活。

我们营销北区团队的座右铭正是:同乐、同路、同分享。

CHAPTER 4

好的职场导师
可受益终生

01 竞岗与跃迁

KK 一直秉承"赛马"与"相马"相结合的人才选拔文化。"赛马"就是公开竞岗，通过 PK 选拔人才。"相马"则是在一段时间内观察一个人的品格和业绩。既给每个人平等竞争的机会，又能够以资历和业绩为尺度，兼顾公平。

挑战：全力以赴地竞岗

2011 年初，集团再次进行架构调整，涉及一系列的高层人事调动。重庆公司原总经理升为重庆区域董事长，原营销副总升职为常务总经理，营销总岗位需要补位。

此时，重庆公司已经在重庆范围内拥有了三四十个项目，地域范围横跨主城各区，以及重庆二十来个区县。重庆公司包揽了集团占比最大的现金流和利润贡献，并且还是全集团的人才输送基地。营销总岗位至关重要，公司决定面向全集团公开竞岗，选拔新的营销总，统筹重庆区域营销工作。

竞岗同样设置三门科目：专业笔试、岗位论文、竞岗演说答辩。

几名区域主任纷纷报名，当然也包括我。这也是我在 KK 参与的第三次公开竞岗，前两次分别是刚进入公司时竞聘销售主管和 2008 年参加成都营销负责人竞岗。第一次以学习找差距为主，后面两次，尤其是此次竞岗，我全力以赴。

"营销总"是干什么的

我花了一周的时间来写岗位论文，与其说写作，不如说自己在这个过程中全面审视这个岗位的真正职责，盘点了公司目前以及接下来需要这个岗位上的人做些什么，发挥什么作用。深度思考后，在这篇岗位论文中，我提出了自己对于这个岗位的系统化理解。

营销总岗位需要充当公司的三种角色，即"手脚""颜面"和"智囊"。

"手脚"：服从大局，严格执行集团以及公司的各项战略部署，为公司实现盈利。"颜面"：面向客户、媒体、相关职能部门，树立、传达公司品牌形象。"智囊"：研究市场、产品发展，感知市场动向，提供产品、营销策略。

营销总岗位属于企业高管，必须德才兼备，其中德有七个方面：

忠：忠于企业、职业操守。

正：公正无私、一视同仁。

勤：勤奋踏实、身先士卒。

廉：廉洁奉公、遵章守纪。

谦：谦虚谨慎、虚怀若谷。

宽：宽以待人、心胸豁达。

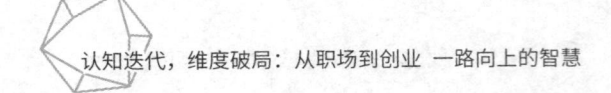

恒：持之以恒、百折不挠。

而才，应该是帅才，而非将才。兵法有云："能领兵者，谓之将也；能将将者，谓之帅也。"营销总要管理好下面若干职能部门和子区域的诸多部门领导。具体来说，要做好五大模块：

1. 方向走势——把握行业趋势、产品趋势、市场动向，谋求竞争。

2. 营销战术——指导下属执行策划、销售、渠道等战术设计。

3. 对外沟通——与政府相关职能部门、各类媒体、合作单位沟通。

4. 制度管理——制订各项制度，构架营销体系，保证战斗力。

5. 人才选用育留——树文化，引进培养人才，提升员工满意度、忠诚度。

最终，专业笔试和岗位论文，我都获得了高分。

第三轮答辩环节上场前，北区团队小伙伴们集体给我打来电话，电话那头整齐地呼喊："畅哥，我们支持你！"此前也有许多同事发来短信问候和鼓励。

当时我正坐在集团楼下观音桥的咖啡店里调整心情，做上场前的最后准备。我知道身后有家人、朋友、同事们的鼎力支持，感动万分，亦倍感温暖，浑身充满了力量。有了这些就够了，输赢反而变得不那么重要了。

最终结果，我的三门竞岗科目分数都名列第一，我成为重庆公司营销总监,并在一年后升至重庆区域公司副总经理。

三次竞岗,三次跃迁

回顾这三次竞岗,是我职业生涯不同阶段的三次跃迁,亦折射了地产行业时代的浪潮和房地产企业的发展。我有幸加入了一家稳健发展的地产龙头企业,见证和参与了不同历史阶段企业的跨越式发展;有幸从事房地产这个中国最火热、全民关注度最高的行业,踏浪潮头,搅动风云;也有幸拥有好的职场导师,与一群优秀的伙伴共事,并且自己也足够努力。

2011年第三次竞岗成功,我成为企业的经营管理者,带领千军万马冲锋陷阵、开疆拓土。从专业到管理,再到格局的三重跃迁,我需要长时间历练,方可抵达信手拈来、举重若轻的段位和格局。

回看我三次竞岗的时间,正是KK所处的三个不同的发展阶段:2004年,KK开始本地多项目发展,成为区域龙头;2008年,KK启动布局战略,逐步进入无锡、成都、北京、济南、西安等城市,并启动上市筹备工作,为今后的快速扩张打下基础;2011年,KK开始了第三轮规模化发展,年初改组架构,全国成立集团、区域公司、城市公司三级管控,并在这一年的8月23日在深交所A股借壳上市成功,更名为KK地产集团股份有限公司,随后即进入了高周转、快速扩张轨道,从百亿跻身地产千亿俱乐部行列。

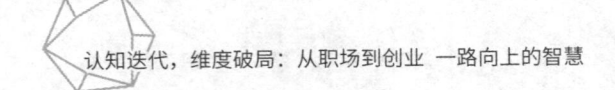

国家关于房地产调控的重大政策

纵观行业发展，因受到经济周期和国家调控的影响，地产行业像是海浪起起伏伏。我的三次竞岗节点（2004年竞聘销售主管，2008年竞聘成都营销部负责人，2011年竞聘营销总监），似乎都是一个调整周期的开始。节点之初，行业都处于热点高位，不久后或是因为经济危机，或是因为国家陆续颁布若干政策，行业进入了下行调整期。

2004年，围绕抑制投资过热和房地产投机，国家出台的相关政策集中在金融与土地两个方面。通过控制房地产供应的源头、规范房地产市场秩序和加息等手段来平衡房地产市场供求，全方位对房地产市场进行规范，其宗旨是挤掉房地产市场的投机泡沫，促进房地产市场健康有序地发展。"831大限"收口也在这一年。前十年国家都在为地产行业输血，而从这一年起国家对房地产进行严格调控，央行近10年来首次宣布上调存贷款利率，规定将借款人住房贷款的月房产支出与收入比控制在50%以下，月所有债务支出与收入比控制在55%以下。国务院办公厅相继推出了"国八条""国十六条"。建设部等九部委于2006年制定了《关于调整住房供应结构稳定住房价格的意见》（即"90/70政策"）。

金融危机下的房地产调控

2008年，历史悠久的美国第五大投行贝尔斯登，因为房贷抵押债务和衍生品市场投资太大出现巨大危机，被摩根大通低价收购；美国最大、历史最悠久的投资银行雷曼兄弟宣布破产；摩根士丹利出现巨额亏损；曾经雄霸世界汽车市场的通用汽车公司宣布破产；美国房地产抵押贷款巨头房地美、房利美于2008年7月身陷700亿美元亏损困境，全球金融危机海啸扑面而来。

万科董事局主席王石在2008年年初抛出"拐点论"观点，万科在全国率先掀起降价风潮。同年年底，时任国务院总理温家宝主持召开国务院常务会议，发布《关于促进房地产市场健康发展的若干意见》，共13条，被业内称为"国十三条"。

2011年1月，国务院发布房地产市场调控"新国八条"，除了二套房贷首付比例提升至60%，贷款利率1.1倍之外，还发布了"限购令"包括限价、限贷、限购等。限购是在我国房地产商品化后被首次提及，楼市进入了"限时代"。

当月的另一重磅政策，是选择上海和重庆作为改革试点城市，对个人住房征收房产税。为了限制炒房，财政部公布《关于调整个人住房转让营业税政策的通知》，规定个人将购买不足5年的住房对外销售的，全额征收营业税；个人将购买超过5年的非普通住房对外销售的，按照其成交差额征收营业税。

2011年3月，国家发改委发布《商品房销售明码标价规定》的通知，明令商品房销售要明码标价，实行一套一标价，进行直接价格管控。住房和城乡建设部宣布当年开工建设1000万套保障性住房，扩大供应。

就是在这样的行业背景下，我走马上任，直面政策调控的

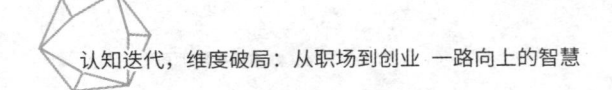

限制和公司上市后规模化发展对上市股东的量价保证的双重压力。带领团队持续破局，成为我未来四年的主要工作。

生命的交错

2011年3月，我迎来了儿子的诞生，升级为人父。那一刻，既心怀喜悦，又感觉身上的担子更重了。看着这个小家伙，我希望我能成为一个好父亲，陪伴他成长，把他培养为一个顶天立地的男子汉。

不幸的是，就在儿子出生后的第八天，我的外公离世。从小学二年级起，我在重大附小上学，由外公外婆陪伴抚养长大。外公少言寡语，总是默默地陪伴我、关心我。看着我工作后在职场上发展越来越好，外公很欣慰。但是我已经没有机会报答他了，他甚至连小外曾孙都没抱过。儿子出生的那天，外公躺在肿瘤医院的病床上，双脚因为病情恶化已经变得肿大。虽然每天饱受疼痛的折磨，但是每当我去看他时，他总是对我微笑，让我感觉他很好。

我们喜迎新生命的到来，哀悼长辈的逝去。在生与死所界定的生命历程里，人们匆匆忙忙，或自觉或不自觉地探寻生命的意义。活着，保持自我，乐观向上，正直坦荡，执着追求，实现人生价值，如此才算不枉此生！

02 打造"尊重人"的文化

竞岗成功后,我正式履职重庆地产公司营销一把手,这一干就是四年。

从 2011 年至 2014 年,这四年,我经历了房地产行业历时最长的一段政策调控期。因政策始终收紧,KK 上市后,我的工作模式发生根本性改变。我带领团队艰难探索,寻求破局之法,并经历项目规模化、资金高周转、产品标准化的壮阔时代。浮浮沉沉,挣扎与痛苦,收获与喜悦,凡此种种,不一而足。

严厉不专权、平和不急躁、勤勉不卸责

升职之初,我给自己定下职位守则,即对自己工作严格要求的"三不原则":严厉不专权、平和不急躁、勤勉不卸责。

营销讲求执行力,面对数十个项目,带领大兵团上千人作战,我一定要对所有人包括自己严格要求。但也因为权力大,若不加以约束,有可能发展为独断专权,团队也会逢迎媚上、汲汲钻营,而不把踏实工作、提升专业度作为重心。

因此,我要求自己不能专权,要实事求是,最大化地实行民主,广泛地听取意见和建议,以此激发团队的自驱力、创造力。

每天海量的工作中，既有重要的事情需要决策，也有琐碎的事情需要处理。而每处理一件棘手的事情，都是营销团队文化的一次塑造。因此我要求自己心态平和，处变不惊，戒骄戒躁，抽丝剥茧，寻找真相，耐心解决复杂的问题。

我要求自己全力以赴投入工作，不仅把点多面广的工作梳理通透、做扎实，而且要敢于决断、敢于创新。既然要创新，出错在所难免：项目多，团队大，总会有问题出现，那么自己一定不能推卸责任，必须勇于担当，这样才能服众，才能聚拢人心、安定人心，让大家心无旁骛地干事。功劳是大家的，而制度也好、文化也好、工作安排也好，作为领导，自己是最大的决策者和责任的承担者——为了在激烈的行业竞争中取得销售业绩，需要有许多突破创新，甚至是冒险。如果冒险成功了，固然皆大欢喜，若失败了就需要有人站出来扛责任，而能扛责任的领导者才是团队凝聚力的核心。

把尊重别人作为价值观来践行

我搬到了天湖公园办公楼三楼的新办公室。

一时间，我的履职在行业中传开，媒体及合作方纷纷涌向这间办公室。房地产拥有一个巨大冗长的产业链，开发商营销部门的下游，养活着许多乙方公司，如报社、网站、广告公司、印刷厂、制作商、活动公司、短信公司、户外发布商、销售代理公司等，在他们眼里，我就是最大的"金主"。作为大公司的营销高层领导，我手握重权，营销上的一举一动，广告、报媒、印刷、物料制作、活动等方面的政策分配，都关系着他们每年的经营收入，所以办公室门口常常围满了前来拜访的人。

我一拨又一拨耐心地接待他们。一方面，我需要认真了解他们，虽然他们是乙方公司，但也是重要的合作资源。我们的许多营销动作，都需要资源的整合和运用来配合执行。真实了解他们的特长和实力，以及他们具备哪些为我们所用的能力，是我的专业需要。另一方面，也是出于对他们，对乙方从业者的尊重。在这个行业里，每个人所处的位置虽然不同，但有一点是相同的，大家都在努力工作，都要依靠这个行业生存——每一个奋斗者，都值得被尊重，被平等对待。

乙方的许多拜访者来到我的办公室时都非常谦卑，姿态放得很低，有的甚至会紧张拘束。记得有一次，某个媒体的工作人员，大概是记者出身，因为想要获得广告投放，在跟我沟通时说话直白了些，过后他不停地向我赔礼道歉。离开办公室后，他又特地发短信致歉。我告诉他直白些好，我喜欢真诚直接的沟通，不绕弯子，大家都是为了工作，不要担心会得罪我。

也许是从小受家庭环境的熏陶，父亲、母亲、爷爷、外公和外婆，都乐于助人、真诚友善。进入职场后，我给蒋总当秘书，看着他给予每一个基层员工、合作伙伴平等的关心和尊重，耳濡目染下，我也把尊重别人这一准则牢记心中。职位是企业授予的，营销总这个头衔，更是一份沉甸甸的责任，容不得我扯大旗做虎皮，以势压人，凸显存在感。

塑造"尊重人"的文化

要尊重乙方伙伴,我不仅要求自己做到,也要求公司营销系统全体管理层做到。具体要求如下:

第一,态度上尊重。当合作方来访时,无论对方职位高低,让别人有座位坐,并为他倒上一杯茶水。

第二,能够给予的合作或者广告投放,当双方需求吻合时,合理给予,若不能给予的合作或者投放,则真诚地告知具体原因。不要打幌子,绕来绕去,不仅耽误别人的时间,也耽误自己的时间,更不能吃、拿、卡、要。

第三,遵照契约精神,严格按照合同办事。合作中没有出现问题的项目,遵照合同进度,及时付款;岗位调动时做好工作交接,不能把别人的发票弄丢。

这三点要求,我在开发商管理岗位工作的那几年,始终遵行,慎终如始。而在我离职之后,它也成了KK营销团队的文化,被传承下去,帮助公司在行业内赢得了非常好的口碑,彰显了大公司的气度和文化。同时,"尊重人"的文化帮助我赢得了许多行业内的朋友。后期创业阶段,无论是心理上还是业务方面,朋友们都给予了我非常多的帮助和支持。

深入一线,叫出每一个人的名字

在团队内部,我尽量做到一点——亲民。重庆KK营销团队共有员工上千人,我每次去各个项目,都会用心记住每个人的名字，并且喊出来。随后去售楼部时，若时间充足，会把他们请过来聊聊天，了解一下项目的情况以及他们在工作上的真实情况，有什么想法、建议和困难。

当然，由于项目太多，我去每个项目的时间有限，与基层员工接触的时间也有限。但是他们都在自己的岗位上勤勤恳恳地做贡献，所以我认为记住他们的名字，让他们知道领导认识他们，是对他们的尊重和肯定。

而于我本人来说，也可以从终端收集真实的一手信息：基层员工是接触客户的一线人员，对于市场的动向，有着最直观的感知。通过与他们直接沟通，我才会深入了解他们对于公司的看法与态度，这有助于我在管理上做出精准明智的决策。

许多次，当我去项目前台喊出员工的名字时，他们会很诧异和感动："哇！唐总，您居然记得我！公司这么多人，您居然记得我的名字！"我说："是啊，上次你还给了我很好的建议……"

亦是通过这样亲临一线的方式，我发掘和提拔了许多人才。基层隐藏的人才其实挺多，他们不仅看得见终端的情况和问题，而且往往充满创造力，会有许多既接地气又能够解决问题的好点子。而我也通过他们了解了企业的实际情况，向他们学习良多。

03 标准化的功效与疼痛

2011 年至 2015 年，国家对房地产调控不断降温，而大型地产企业却纷纷加速发展。这几年属于大型地产企业的规模化扩张期，大量的资金、资源、人才、土地、供应链等，纷纷向大开发商倾斜靠拢。地产百强行业集中度进一步提升，从 2011 年的 28.05% 提升至 2015 年的 36.7%。

争上"百强榜"，快速扩张

小开发商没有拿地优势，难以拿到银行授信，品牌和产品又比不过大开发商，发展举步维艰。银行、基金、信托等资本对于 50 强、30 强企业，信任度颇高。每逢年末，各大开发商使尽浑身解数，只为了能够登上中国指数研究院（简称"中指院"）发布的"中国房地产百强榜"，银行行长、审贷工作人员通常是按照这张百强榜，确定给开发商们的授信额度。政府在招商引资或者有重大合作项目时，也会参考这个排行榜。

KK 集团于 2011 年 8 月上市，当年位列全国地产百强第 18 位。2012 年，集团开始加速扩张，并制订了"622 战略"和"1030 战略"。

"622 战略"旨在把以重庆为中心的中西部的投入比重提高

到60%，长三角和环渤海地区分别占20%。

"1030战略"即城镇化发展战略，在持续深耕主城的基础上，用10年时间，进入重庆有发展潜力的30个区县，在每个区县利用品牌绝对领先优势进行降维打击。

企业进入快速扩张周期，要求快速拿地，快速滚动开发，快速回笼投资。实现拿地前启动方案设计，拿地即动工，取得土地证后6—8个月实现开盘销售，开盘后一年内实现投资现金流回正。在这样的战略背景下，标准化便成了核心撒手锏，包括KK在内的各个房地产大企业，管理模式、管理架构都围绕标准化全方位展开。

如何实现标准化：设计、人才、管理

企业步子要想迈得快，实现标准化，需要解决三个问题：一是产品设计和生产速度要快，对运营节奏提出要求；二是人才的批量培养，欲快速拿地上项目，人才必须跟得上；三是不能乱，不能失控，管理体系要更加完善，制订标准也要更加科学有效。所以标准化主要围绕以上三个问题展开。

第一是产品定位设计标准化，建立标准化的户型库以及不同档次产品序列。拿到地块后，可以根据土地的控规指标、当地老百姓的喜好，快速匹配户型单体，进行总规图排布，节省设计时间。并且，高度标准化也能节省设计以及配套材料集采的成本。

第二是人才培养标准化。我在营销系统内推行了三级人才

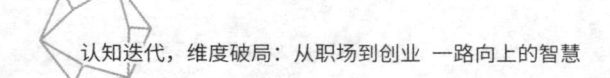

培养体系，分别是针对管理层的储备主管、储备经理培养计划，针对社会精英的T20招聘及培训体系，针对校招进行的"KK之星"招聘、在校实习生"邻里新生"招募及培训。

第三是管理标准化，即优化架构，将营销系统优化为三横三纵模型。横向三大管理部门，分别是营销管理部、品牌管理部、客户管理部，分别负责销售及制度管理、品牌及策划管理、客户关系管理，每个部门设一经理。纵向三大区域，项目众多，根据地域辐射范围，将重庆划分为渝东、渝中和渝西三大区域，由三名总监进行分区统筹。

架构有了，然后制订机制。我制订推出了"KK5+6营销法则"，分为五大管理体系和六个标准化，让制度和流程更加清晰、系统，让各项目做到有标准可参照，有章可循。（详见下表）

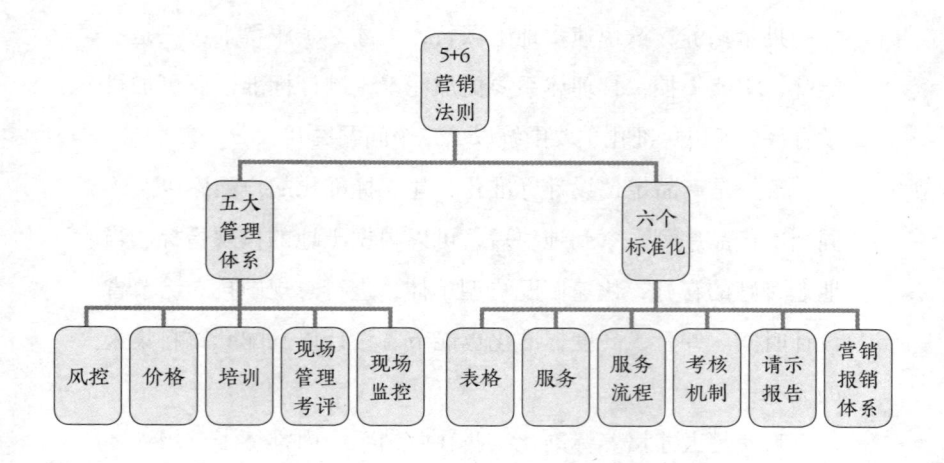

```
                        5+6
                        营销
                        法则
         ┌───────────────┴───────────────┐
        五大                            六个
        管理                           标准化
        体系
  ┌──┬──┬──┬──┐            ┌──┬──┬──┬──┬──┐
 风控 价格 培训 现场 现场          表格 服务 服务 考核 请示 营销
           管理 监控                    流程 机制 报告 报销
           考评                                      体系
```

以上这些动作，对外是为了快速攻占市场，对内是为了加强基础管理，减少管理漏洞，让管理更加有序。

以牺牲个性化、成本控制紧缩为代价

当然，任何事情都没有完美的解决方案，每一个方案都有两面性。以上标准化措施和手段，虽然可以最大化地接近目标，但也会带来一系列问题。

标准化产品，简单地说就是要每个项目得 80—90 分，既不要 60 分，也得不到 100 分。既然标准化，就要适度牺牲个性化，特别是部分项目因为特殊地形地貌或者特殊规划指标要求下的个性化。

KK 曾经是以产品创新著称的企业，其产品和户型一直有口皆碑，如曾经的中华坊项目的创新型中式院落别墅、第 N 代花园洋房、空中院馆以及原创中国洋房东方王榭等。但推行标准化以后，更多的产品中规中矩，只是不出错，产品特色有所下降，和老百姓的期待有了出入。

2011 年起，国家调控收紧，市场房价不温不火，甚至阶段性的适度降价也是常态，但是地价却飞速上涨。面粉价格越来越高，面包价格不涨，甚至反降。在这样的背景下，开发商必须严控成本。所以那几年产品定位的主题是标准化，而成本控制的主题是降低配置，即"减配降本"：楼体立面线条尽量简洁，小区减少名贵树种，增加普通树种，门窗五金等的配置也要适度控制档次标准。

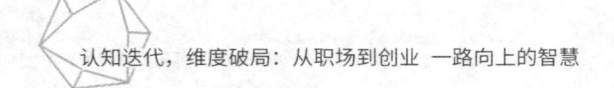

客观无奈与客户群诉事件

并非开发商心黑不道德，或是不注重品质，这是在特定历史环境、特定地域环境下的无奈之举。毕竟重庆房价在全国一直很低，出让土地的可建设规模连续几年排在全国前列。出让土地面积最多的2013年，拍卖的可建设土地规模甚至达到了3752万平方米。在如此供应规模下，重庆的房价始终起不来。WK曾经一直不敢进重庆，就是因为重庆房价太低，做项目不容易实现利润。

2011年之后，各大开发商都在全国化、规模化发展，纷纷开始抢占重庆市场。但是不进来痛苦，进来了更痛苦，因为销售额上不去，卖了利润又低，甚至亏本。各大全国性地产公司中，凡是重庆区域的总经理，在全国的总经理大会上，总是很狼狈、很可怜——因为重庆卖三套房，才赶得上北上广卖一套房。而且在高房价区域，可以大开大合地设计产品，提升配置，只要产品好，价格上浮三五千不是问题，各个竞盘价差以千甚至万为单位。而在重庆做产品，必须勤俭持家，精打细算，节省每一分钱，有时一平方米高几百元就会亏损。竞盘之间，每平方米的价格通常就差几百元，若是超过一千，客户立马走人。

以上只是客观背景。客户可不管这么多，因为减配降本，标准化的产品没有达到客户心中所想，房价又一直不涨，甚至微降，客户群诉事件时常发生。

记得有一次，大学城廊桥水乡项目的收房业主，集体聚集在售楼部，把我们的沙盘砸坏，弄乱办公室里的电脑和资料，扯横幅，放喇叭，要求公司领导出面对话。

客户服务正好也由我分管，我从办公室赶过去，业主七嘴八舌地提出各种不满和条件。无论我说什么，都被他们的声讨声掩盖下去。最终我被困在廊桥水乡，业主不许我离开，饭也不让吃。晚上，还是同事从办公室窗户翻进来偷偷给我送饭。直到深夜，政府相关部门和警察都出面了，我们也拿出了很好的协商方案，业主这才作罢返回。类似的情况，还发生过几次，那几年客服部负责人的压力也是相当大。

市场定位组：反思与应对

后来，我们也开始反思。在产品标准化的同时，如何能兼顾创新和特色？在控制成本的同时，如何提升产品附加值和品质？

2012年，我在营销系统内设置了市场定位组，由四名定位人员组成，专门精细化分析产品，协助设计部，在满足规范的前提下，进行产品创新。市场定位组更多的是站在客户需求和人性化、功能性的角度思考产品。他们做了大量产品复盘和研发工作，把曾经出现客户投诉以及滞销的产品进行全方位复盘；从经济型产品到高端产品，都进行了客户需求调研，再把调研成果运用在产品上。例如，针对别墅客户进行了专题调研，采集了上百位别墅入住客户的居住体验：只有住过别墅的人，才知道什么样的别墅好，卧室多大合适，车库门多宽最方便停车等。再如，展开对"高附加值型产品"的专题研究，市场定位组参与研发了中央御院和蔡家 KK 城的创新叠拼户型，以及 3.5 米客厅开间的迷你花园洋房产品，这类产品因为面积控制小，所以房屋总价控得特别低，但是依然兼具功能性，总体来说产品性价比上了一个档次。

管理的五大问题

管理方面，因规模化扩张和标准化管理所衍生出的问题，主要在人和信息传递上。我曾开玩笑说，重庆 KK 就是一个"许三多"：项目多、区域多、员工多。毕竟人是活的，是有思想的，每个人面临的情况不一样，在"许三多"体系内，在管理上若不加以区别对待，完全标准化就会导致员工不满。具体来讲，出现了以下五个方面的问题。

一是沟通机制和信息传达。项目多，人员多，一线基层人员与领导接触少，如果每次都是通过开会一对多传递信息、颁布文件，那么任何信息都会耗费所有人的时间，而且每个人的重视程度也不同，效率低。如果信息一对一单点传递，又会出现信息筒仓，没有接触到信息的人，就会出现信息不对称。

二是架构安排。保证战术水平统一，避免个人能力决定项目成败是关键。毕竟五个手指并非一样长，产品可以标准化，但是人才的水平、能力、性格、习惯等很难标准化，我必须在培训的基础上，保证一定的考核规则和人才流动性。

三是工作界面。划分不同管理层级的权、责、利，快速反应、科学决策，避免多头指挥或重复劳动，避免"三不管"。我发现有的项目，几个层级的同事都在参与；有的项目，又仿佛孤军奋战，即便有清晰的架构，依然避免不了人为的干扰和管理上的理解偏差。

四是奖惩公平。每个月、每个季度、每年，公司需要相应完成各节点的总业绩和总回款任务。这些任务需要分摊到各个项目上，而每个项目的情况千差万别，难度系数受房源、区域、成本定价、产品设计等因素影响，差别巨大。一旦涉及任务及奖惩，每个人都会觉得自己负责的项目难，而别人能完成任务是因为项目这里好那里好。所以，如何公正地下达任务，公正地评估难度系数，公正地评价人员的贡献和结果，是我当时面临的很大的课题。

五是管理半径。公司毕竟是架构化管理，编制有限，项目负责人以上的领导通常管辖几个项目，总监级领导甚至管理几个区。所以需要设定他们的管理半径，让业务能力强的核心骨干不至于被架空，可以在需要的时候下沉一线指导，精力能合理分配，解决攻坚的问题。

以上问题，我一直在不断尝试运用各种管理方法进行调整，但事后发现，要想追求完美的解决方案，不出现问题，现实来讲是很难的，且问题根本无法避免，只能尽量优化，而且真正健康的、强大的企业，必须具备一定的容错能力，出现了问题，要想办法解决。

总体来说，高周转、规模化、标准化的发展模式在那样一

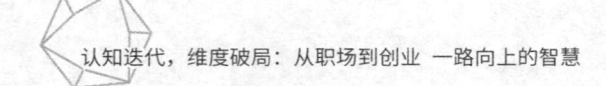

个时代，利大于弊。既然如此，就应该抓重点，舍小抓大。作为那个时代的参与者与见证者，我深刻体会到了标准化发展模式的功效与疼痛。这个从1到10的过程，让我的管理思维和战略格局，得到了大幅提升和锻炼。

04 论道峨眉——
地产行业的道、术、器

得遇良师，道、术、器的结合

那几年，每一年KK营销系统都有一个传统，全国各地区公司的负责人会带上各区域经理及以上骨干，齐聚峨眉山，展开专业论道。具体形式是：先开两三天封闭会议，就某个主题进行论道，每个发言者精心准备PPT，相互交流经验，学习探讨。然后步行到万年寺或者伏虎寺祈福祝愿。最后一天登上金顶，欣赏云海、佛光，一览众山小。

这个传统是由李战洪老师发起的。他是中国房地产营销界的知名人物，在房地产业发展早年，就职于戴德梁行和王志刚工作室，并且参与了早年华南板块的营销大战，时任KK营销副总裁，人称"李老师"。

李老师特别善于在不可能处立意，善于总结提炼要点，归纳方法论，提倡系统化思考。李老师可以算是我在营销专业上的指导老师，那几年在他的带领和启发下，我在营销专业方面进步显著。

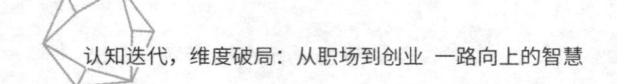

在遇见李老师之前，我的营销经验积攒了很多，但东一榔头西一棒子，打法比较零散，只依靠创意，无法形成系统，缺乏方法论的沉淀。

与李老师接触多了，我发现他总是能够对营销理论提出独到的见解，而且善于使巧劲，将几个点整合成一个点，并集中发力。这在很大程度上促使我从营销专业的术和器的层面，上升为道的琢磨和开悟，最终致力于道、术、器的结合。

"明道"和"优术"

李老师常说要注重"明道"和"优术"，这两个词乍一听很拗口，但细品就会明白其背后的深义：如果不"明道"，可能就会让我们有"苦练了半年的打网球技巧，却发现置身于篮球比赛中"之尴尬；如果不"优术"，就不仅花费了成本，还会"上错花轿嫁错郎"。

什么是有用的人？李老师说就是集思维方式、理论体系、表达能力、专业优势于一体的人。

个人提升方面，李老师谈了三点，分别是：重复自我，同时更注重突破自己；建立工作模块以此提高工作效率；成为某一个方面的专家并善于利用团队工作。

思维方式方面，做好三次思维降解，即决策层、管理层、操作层。

李老师还提出三种策略方式，即在不可能处立意，社会共识处立题，创新只为一点特。

"在不可能处立意"，指的是应敢于和善于在不可能解决的问题上投入思维力量，一旦解决了普遍被认为解决不了的问题，就会产生无可比拟的客观效果。

"社会共识处立题"的意思是，巧妙借势社会热点，普遍被认为需要克服的问题、经济发展的大趋势、城市发展的动态等，正是项目营销立题的素材来源，会引发关注、共鸣以及进一步传播。

"创新只为一点特"，字面上相对难理解，指的是对于创新点要有所保留，一个策划项目，我们应在一个阶段只体现出一个创新点，避免信息太多造成干扰，应让创新主体突出，不断巩固记忆点。

"每个人都是问题解决者"

峨眉论道时，思维激荡，大脑飞速运转，常常有醍醐灌顶之感。会场中，全国每个区域负责人，针对当期论道主题制作一个PPT，结合自己的实战管理或者专业工作，分享心得体会和自己沉淀的方法论，然后其他同事给予点评反馈。

每年的这几天，头脑风暴的密度和强度是极大的，几乎每次开会都耗时十几个小时，记得最长的一次，连续开会24小时，一天一夜。

我们通过这样的形式把自己的工作心得系统性地梳理回顾，提炼成方法论。从美国著名学习专家埃德加·戴尔所提出的"学习金字塔"可以看到，最好的主动学习方式就是将知识、方法传授给他人。在总结梳理的过程中，在传授方法论的同时，自己也巩固了对于管理体系和营销打法的认知。同时，也会看到别人是怎么看待同一个问题的。不同的人，思维模式不同，认知不同，思考角度以及知识体系模型都不一样。这些不一样，正好是"人有我无"或者"人无我有"的东西，可以帮助我发现非常多的认知盲区或者新的视角。

峨眉论道提倡"每个人都是问题解决者"，大家带着问题来，要善于提出问题，更要善于提出问题的系统性解决方案，还得把经常出现的问题以及解决方案提炼成方法论，用于指导团队和传承下去。

在峨眉山这个地方，每一次我都有顿悟之感。这种感觉是神奇而美妙的，那几天总是思维放飞，异常清醒、灵活，突然间悟到了许多道理，冒出关于接下来要做的事情的诸多想法，而这些想法是往常想不到或是不敢去想的，似乎任督二脉一下子就被打通了。

论道主题的变迁映射地产营销时代的变迁

峨眉论道这一活动后期不断扩大规模，除了每年一次的峨眉论道，我们还去了南岳衡山、东岳泰山、太湖灵山大佛脚下等地论道。论道主题每年都不同，现在回想起来，论道主题也见证了房地产营销时代的变迁。

最开始切磋的大多是策划主题。例如：如何确定项目的"三主"，分别是主题、主线、主诉求。早些年，房地产营销主要靠策划，讲求每个项目的核心诉求，如何标新立异，如何通过广告进行市场占位，吸引客户注意。

到了第二阶段，我们开始注重销售力的构建。例如：专门召开了一次"别墅销售专题"的论道会议，探讨如何管理销售现场，如何提升团队的狼性。这些主题说明这个阶段，卖方市场转为买方市场，客户选择面太大，房地产行业光靠策划推广不好使了，进入了"拼刺刀"阶段，各个企业更加注重销售力和客户转化率，客户来得不容易，来了如何将客户留下成了当时的重心。

再往下，进入了产品阶段，营销从营销专业的拳脚功夫回到产品竞争层面，回到实诚营销的阶段。KK企业价值观中有一句话，"最好的营销，就是对客户的深刻理解"。我们论道的主题转向了"如何进行项目的差异化定位""如何构建产品力"等，营销人员向着更深的客户视角、产品视角转型。这个阶段，市场上创新产品层出不穷，出现各种新概念、附加值。例如：开发商出钱共建学校，学区房、教育指标房开始大行其道。这都是为了在产品力上下功夫。客户越来越精明、清醒和理性，他们选择的不是纸面上的营销，而是营销背后的底层产品价值。

最后，论道来到渠道这一主题。2014年之后，渠道盛行，房地产企业从吸引客户变成找客户，再到抢客户。各大公司纷纷成立渠道部，各大区域、主要路口，常常站满了"小蜜蜂"——渠道兼职派单拓客人员。

为了争抢地盘和客户，各大楼盘纷纷划定项目界限，售楼部多少米范围内，禁止竞盘的"小蜜蜂"拉客抢客。地铁站、十字路口，客户经常被几个渠道人员"围追堵截"，地产营销进入渠道时代，越发粗暴和内卷。

渠道争抢，狼性时代到来

因为竞争激烈，经常出现打架斗殴现象，KK 的渠道团队也被打过。有一次是在茶园，和 RC 团队"擦枪走火"，RC 渠道一直是以狼性著称。那天我突然接到电话，说我们中央御园和 RC 欧麓花园城的渠道团队打起来了，然后他们跑到我们售楼部打人，对方还拿着家伙。公司几名员工受伤，有一名保安头盖骨骨折，被送到了医院。

这件事闹得很大，对方打人者被公安机关拘留。事后 RC 营销总 L 总出面，和他们公司另一个负责外部关系的老总一起来找我谈赔偿和解。我觉得需要给员工一个说法，谈不下来，最终还是双方上层领导进行了沟通，妥善解决了这件事。

渠道公司，地产营销泥石流

再后来，市场上出现了越来越多的渠道公司：有的是二手房中介公司转型卖一手房，有的是部分开发商的渠道人员，辞职出去自立门户开渠道公司。

渠道公司抢客更凶狠，甚至大有将开发商绑架之势，如果开发商不跟其合作，他们就会把客户彻底阻断，不带往你的项目不说，还给客户传递负面信息，将客户"抵黄"（重庆俚语，让已成交的客户放弃购买）。

KK在大学城的廊桥水乡，因为有自己的渠道，初期没有跟渠道公司合作，结果一周没接到几个客户。项目负责人给我打电话表示非常焦虑。后期，LH等几个开发商的负责人联系我，说大家一起抵制渠道公司，维护行业规则，但最终依然抵挡不住行业泥石流般的倾泻和变迁。此后数年，LJ几乎垄断了渠道江湖。渠道公司因为手握客户资源，靠着人海战术占领市场，所以跟开发商博弈叫板，成为常态。

时间会给出一切答案

峨眉山上，我们与时俱进，转换思维频道。峨眉山下，房地产发展一年一变，越来越内卷，越来越粗暴，越来越追求结果。有时候我不知道，房地产营销从推广调性、产品力等，转变为渠道抢客，重赏之下必有勇夫，这到底是行业的进步还是倒退？到底是行业的幸运还是悲哀？

我想时间会给出一切答案。

05 人性的审思：
地产江湖里的血雨腥风

自 2011 年到 2014 年，公司飞速发展，项目也越来越多，工作节奏随之加快，销售任务与日俱增，任务的难度与工作强度越来越大。

震荡的市场，没完没了的会议，发出抗议的身体

这几年房地产市场处于小幅震荡状态，竞争激烈，国家调控层出不穷。除了 2011 年 1 月 26 日颁发了《国务院办公厅关于进一步做好房地产市场调控工作有关问题的通知》（简称"新国八条"）试点房产税之外，2013 年国家要求建立健全稳定房价工作的考核问责制度，制定并公布年度新建商品住房价格控制目标，用行政手段直接调控房价，并再次重申坚持执行以限购、限贷为核心的调控政策。二手房交易的个人所得税由交易总额的 1% 调整为按差额 20% 征收，开发商不得不阶段性采取以价换量的措施，房价增长缓慢。

我几乎常年被会议围绕，2010 年后，微博开始兴起，我从那时起开通微博，记录工作和生活。这既是一种社交工具，也

是一种记录方式,时至今日,微博成了我的生活的一个记录本,也成了若干年后我的一张"老报纸"。回看那几年的微博记录,特别是从2011到2014年,出现最多的画面就是开会,要么激情飞扬,要么记录思维脑洞,要么来一通鸡血。

经营会、项目方案会、月度评审会、月度营销大会、季度专业技能切磋会,每周都排得满满当当,很多次会议开到了凌晨两三点。会议之外的时间,我便去各个项目现场。项目遍及重庆各大区县,我当时没有配备专职司机,通常是自己或者同事开车前往各地,查看每个项目的营销进度、团队状况、市场竞争情况,深入一线解决大家急需解决的问题,并和团队交流沟通,维护情感链接。我还要实施管理工作,排兵布阵,调兵遣将,对人流、信息流、资源等进行调配,包括与各级骨干沟通谈心,了解并鼓励他们。

2012年3月,我驾驶的车辆突然在高速公路上爆胎,非常危险。那段时间诸多不顺,我权当是磨炼,要求自己遵循工作守则,以平常心应对。7月份的时候,我终于病倒了,发烧、咳嗽,全身酸痛。事实证明,在高强度的工作下,总有扛不住的时候,我便自我安慰:一年病上几次,小病不断,大病不犯。

高压:工作围绕数据跑,财务报表指导经营

随着全国地产商纷纷杀进重庆,地价高企,许多地招拍挂时,根本算不过账,不敢举牌到最后敲锤,主城的土地越来越难以取得,所以我们大量的项目都分布在区县。随着主城项目

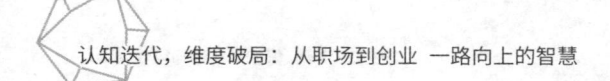

的逐步清盘，主城出现了"空心化"问题，毕竟主城的房价比区县更高，项目更出量。而区县需要用更多的客户和销售数量来凑规模。

2013年前后，许多大开发商为了追求规模和利润，也开始往区县布局，新增项目相应多起来，市场供应量加大，出现"量价齐跌"的下滑趋势。随着市场成交均价下降和农村户口购置面积在90平方米以下的首套房取消减免契税的政策改变，客户观望情绪加重。

每天醒来，压力沉甸甸的，每个月的任务和数据悬在那里，任何一个项目完不成指标，都需要找地方冲量填补。只要连续几天业绩不好，我就会很焦虑，打电话逐一跟各个项目负责人梳理客户，汇总任务完成情况，补缺口。2011年8月集团上市之后，工作围绕数据跑，财务报表指导经营，上市主体对股东承诺每年不得低于30%的增幅，全体员工忙着给资本打工。而重庆作为大本营，大概占到集团一半的任务，所以每年增长的规模指标，就成为悬在我们头上的"达摩克利斯之剑"。

残酷："5+2""白加黑"重奖重罚

为了保障任务完成率，倒逼出每个项目、每个人的潜能，集团提倡"5+2""白加黑"的工作精神，即每周工作7天，从早忙到晚。从2012年开始，在绩效薪酬之外，每月制订专项重奖重罚的奖惩制度，奖惩的额度几乎和薪酬相同，甚至更高。这对每一个骨干来说，几乎意味着每个月都是一次煎熬：如果任务达标，则可以拿到更高的收入奖金；如果完不成，则有可能这个月白干，甚至倒欠公司钱，以挂账的形式记录在奖惩统计表上。

最初行使重奖重罚时，团队抵抗性很大，我给团队做思想工作，并想方设法让更多的团队能够完成任务，这样总的算下来，奖大于罚，大家可以接受。慢慢地，大家也习惯了，但时间长了之后，每个月奖罚考核激励开始失效，甚至开始麻木："你爱咋考咋考，我能咋做咋做！"为了不断地刺激团队，集团调大电流，逐渐加大奖惩力度，从最开始的奖三罚一（奖励额三倍于罚金，通常不同层级的奖罚金是一个整数的倍数，例如奖励3万元，处罚1万元，或者奖励1.5万元，对应处罚5000元），调整为奖二罚一、奖一罚一，惩罚越来越重。到了后期，除了奖罚，还推出排序、亮红黄灯、强制岗位淘汰等机制。

在职业化操守和人性的良知之间进退两难

我作为重庆营销团队的当家人，压力和矛盾都聚集在我这里。那时我非常纠结、矛盾和痛苦，一方面作为职业经理人，有责任完成集团下达的经营任务，接下军令状。另一方面，我看着手下的兄弟们，每天加班加点，周末节假日无休，想尽各种办法冲刺任务，但任务往往太重了，很多项目无论怎样也完不成。每当省外公司有任务缺口，重庆公司还需要进一步追加任务，往哪儿加，又成了我的难题。团队的兄弟姐妹们也需要养家糊口，也需要这份工资来供应车贷、房贷、日常开销，当

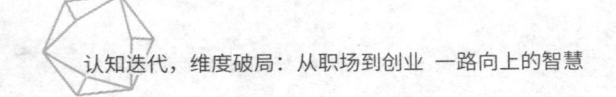

他们努力之后依然被重重地处罚，我实在是于心不忍。

作为"夹心饼干"，我就这样在职业化操守和人性的良知之间纠结，在业绩增长的经营要求和兄弟们的家庭期待、收入需求之间进退两难。

我是否应该对上级下达的繁重的任务指标进行抗争，对不合理的机制进行声讨和反抗？有时我甚至会怀疑：是否会因遵循了所谓的团队管理者的职业操守，却让奔着养家糊口去的这群兄弟们尊严碎了一地？任务完成得越好，下个月加得越多，重罚考核就会变得顺理成章。

我怀疑自己是否做得对，总是积极响应上级制订的市场对策，呕心沥血抢占市场份额，但是因此掩盖了企业管理上的狭隘和不合理，以至于在劳资双方的博弈中，忘记了呐喊，丢失了人性。

血雨腥风的地产江湖

为了完成任务，大家使尽浑身解数，甚至还有打法律擦边球的，这些都属于灰色地带，是非常不可取的。有一位同事，因为类似事件遭受了打击，对行业和公司感到心灰意冷，提出离职，让我很痛心。

激发潜能，除了用专业智慧冲刺任务之外，营销团队还需面对两条线，一是严卡营销费用，二是狠抓审计廉政，也被称为"戴着镣铐跳舞"。

从2013年开始，行业开始收取"电商费"，也就是在房价之外，新浪乐居或者搜房等网络电商平台，向房地产企业客户收取固定金额的"电商费"。电商费不纳入地产项目营销费用考核。

也有媒体开始创新，采取投放结果对赌的方式进行合作，即媒体先行垫付广告费用投放，在一定阶段内，对赌销售额和上访量，根据销售额收取电商费，如果卖得不好，自认亏本。

在那个年代，电商费的兴起，既带来了广告媒体行业新一轮的血雨腥风的竞争，也让我们营销费用捉襟见肘的境地得以改善，获得喘息时机，甚至因此续命。

廉政风云与利益驱使下人性的恶

KK一直非常注重审计廉政建设，全集团审计人员在最高峰时有一两百人，而其中的许多管理人员，还是引进的专业人才。审计部门负责对制度的执行情况、合同执行情况、费用花费是否有漏洞，以及灰色收入、利益输送、行贿受贿等违法、违规行为进行全面审计、检查。对于上市公司来说，这是很有必要的。集团制订的审计体系的激励机制，是审计人员从业务审减金额、没收的非法收入以及对员工的处罚收入中进行提成。

有人的地方就有江湖，在这样的激励机制下，有的人能够秉公执法，有的人为了创收却是鸡蛋里挑骨头，对业务体系的工作吹毛求疵。

每当这个时候，业务体系的同事以及合作方都会抱怨，工作积极性受到打击。问题又摆在我这个"夹心饼干"这里，我

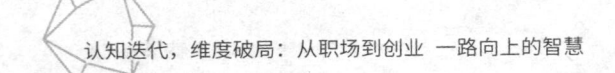

既要维护公司的制度——作为上市公司，的确需要完善管理，查找管理漏洞，对失职行为进行查处，又要稳定工作团队的积极性。但对于那些有失偏颇的处罚所造成的消极影响，我却是心有余而力不足。

做一个正直的人、善良的人

这几年，我看到了人性的恶，也看到了职场上因为人性复杂发生的许多令人唏嘘之事！

如何评判一个人的品格？《礼记·中庸》中有言："君子慎独，不欺暗室。卑以自牧，含章可贞。"具有美好品德的人，哪怕是在独处时，也会谨慎自律，不做违反道德、良知、法律之事。

如何了解一个人的真实内在？除了看他如何对待有利害关系的人，更重要的是看他如何对待毫无利害关系的人。

情商高不是八面玲珑的圆滑，而是德行兼备后的虚心、包容和格局；成熟不是由单纯到老于世故，而是经历世事变迁后大道至简的返璞归真；觉悟不是麻木，而是接纳现实之后依然保有对生活的热爱；成功也不是追求别人眼中的最好，而是一次又一次战胜自己，攀登一座又一座人生的高峰。

做一个正直的人、善良的人。不忘初心，方得始终。

06 数据归零的意义与"花点时间生活"

在残酷的市场竞争和高标准业绩要求之间，在销售数据起起落落和重奖重罚大悲大喜之间，在销售额做加法而营销费用做减法的矛盾之间，在创新突破的迈进和考核吹毛求疵的镣铐之间，在日复一日机器人般工作和对诗与远方的憧憬之间，我深刻意识到一个迫在眉睫的问题：我需要为团队解压，帮他们打开一扇窗户，可以呼吸清新的空气，为我们每个人寻回心境的平和，平衡工作与生活，重新体会幸福的要义。

数据归零后的顿悟

每年的 12 月 31 日，对于地产公司的从业者，特别是营销人员而言，都是繁忙、充实、气贯山河的一天。

说气贯山河一点也不为过。这一天，所有人仿佛都身处大决战的战场。指挥部里，领导们盯着屏幕上随时更新的数据，一线员工则发起总攻，全力以赴地冲刺任务。大家为了交上一份满意的答卷，为了一份荣誉和使命，为了荣耀凯旋后的畅快欢笑而战斗到最后一刻。

接着是痛饮和痛哭,这一年的点点滴滴、辛酸苦辣咸一齐涌上心头,大家手搭手肩并肩,唱歌喝酒吃肉,仿佛这样才算完整、完美地过完一整年。最后在宿醉醒来之后的清晨,这些过往点滴迅速烟消云散,成为轻描淡写的回忆和故事。

多少年,都是这么过来的。

有一年的元旦,清早醒来,我望着天花板,突然觉得脑袋里空空如也,像丢了魂,世界一片空白,什么也抓不住。因为在昨晚,数据已经归零,我们以为那一刻是终点,结果那只是起点,甚至准确地说,仅仅是一个节点,像里程碑似的,嗖地掠过,前面依然是坎坷征途。从今天起,又是新的一天,新的一年,从零计数。

我开始思考数字的意义,我们到底为何而奔波?人不应该成为数字的奴隶。阿拉伯数字只是一个符号,数字因为人才有意义。但是我们好像都在追逐数字,追逐数字背后的定义和认可,这一切,有意思吗?而且数字一直在变化,随时可归零,最终仿佛一切皆空。

那么,我们到底应该追求什么呢?

也许那一刻,算是我人生中的一次顿悟。归零时刻,我开始重新思考数字的意义、生命的走向和目的。

除了把工作变得尽量有趣,我们也应热爱生活

渐渐的,我觉得应该追求一些更有价值、更有意义的事,而不光是一味追求交易的成交数据。虽然数据在商业社会中极

其重要，对于企业来说，就像是心跳脉搏指标一样，衡量着企业的生命质量。

所以，我努力尝试带领团队寻找工作的快乐，尽量把与数据打交道的枯燥乏味的工作变得有趣。

除了工作，我们也应热爱生活，热爱创造、记录和分享。

我组织团队搞"KK电影节"，每个团队自己创意、编剧、出演，拍摄自己团队的故事和对工作、生活的理解。我们包下电影院巨幕厅，欣赏着伙伴们带来的电影展播——参展影片悉数登场：有红色激荡，有江湖古装，有帮派情仇，有青春风华，还有伦理哲思。团队带给我的更多的是感动，他们是那么优秀，做什么都那么棒。银幕外的每一张面庞，都是充满热情和喜悦的。

我组织团队在雨中攀爬歌乐山。汗水、泪水、雨水混在一起，攀登是一种精神，坚持是一种信仰，重庆团队所有员工全部登顶，血性与狼性，壮志与豪情，这场雨淋得爽！

我带团队骨干们去到一个叫"花生"的院子，我们畅聊至凌晨两点半，团队骨干们真诚分享了众多管理案例，在"战争"中学习"战争"，论道管理，修为人生。忙碌得昏天黑地的日子里，需要"花生"；错综复杂的环境下，长期运筹帷幄之后，需要"花生"。"花生"，就是花点时间生活。

"花生，花点时间生活"

此后，我们将会上发表的言论分别整理出来，出版了第一

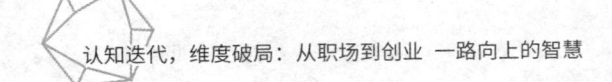

本我们自己的书——《花生》，这也是第一本由地产行业营销团队出版的文集。

我为《花生》写下的序，原文如下：

花生绝非只是一个胖子

文 / 唐　畅

花生的悲哀在于，所有人一度认为他只是一个游手好闲、宅在大黄屋里、裹在红帐子中的胖子，唯一的价值是一身肥油的攫取，例如"鲁花"或"撸花"，而忘记了他也曾拥有精神上的仰望，甚至用名字和姓氏予以这个世界精神启迪。直到在重庆东水门出现了一家名为"花生"的咖啡院子，花生终于得以正名——"花生，花点时间生活"。

"花生"有一个40多平方米种满植物的大院子，10米长的无敌江景玻璃窗，一个白天用来拍照晚上用来看电影的阁楼，一整面的书墙和照片，一个可以一边踢毽子一边烤肉串的露台，以及一群在这个高层建筑林立的现代都市里偏偏喜欢住平街老房子并且穿行其中的人。光、影、味、人、景、物、城市，以上这些看起来是一个咖啡馆所需要的必然分子，好比牛奶之于摩卡。这让我们想起了巴黎，以及巴尔扎克玩味的调侃式总结："我不在家，就在咖啡馆；不在咖啡馆，就在去咖啡馆的路上。"咖啡馆是一个沉淀时光的磨盘，更是一个文思荟萃的教会，因为海明威、毕加索、萨特，所以在巴黎这样一个遍布咖啡馆的城市，"左岸""和平""花神"等名字得以响彻塞纳河畔。

"花生"虽远不如巴黎的咖啡馆那样因"谈笑有鸿儒,往来无白丁"而响亮,但也注定拥有咖啡馆的神情,那就是交互思想。在临近玛雅人世界末日的一个夜晚,确切地说,那天是公元 2012 年 12 月 12 日,重庆人完全可以取名"幺儿节"。一群 KK 人相聚在长江边的"花生",花点时间生活,探讨管理的哲思,启迪工作中或多或少已经历过却尚未酿造的感悟原料。不是吗,生活总是气势如虹地以不可逆转之势飞速向前,太多的瞬间尚且来不及刻骨铭心,便逐渐加冕为"历史",渐渐淡去,化作泡影,如风,如尘。我们唯一能够努力的,是拼命记录,彼此分享。最好,以文字形式将我们曾经经历和感悟的混沌、喜悦、心酸或沉甸甸的收获镌刻,历久弥新。热情的生活需要一份执着和坦白,如此,故事才能融入咖啡的滴滴浓香,传承,分享。

那一夜,我们聊了许多。聊管理,聊经历,聊方法,聊团队,聊我们自己所经历的愚昧与聪慧,聊曾面临的手足无措以及醍醐灌顶,聊从貌合神离到心有灵犀。或许因为之前停下来想得太少、交流太少,平日里繁忙已成为中心思想,成为我们推诿聚会的理由、搪塞朋友关切的电话的借口;或是包裹为沙袋缠绕在我们沉重的步履上,无法轻快地转身或跳跃。但我们如果无法插上腾飞的翅膀轻盈起舞,看得更高远,俯冲更有力,我们的企业又如何能够腾飞?尤其当 KK 已经成为一个巨无霸,行驶在百亿到千亿的荆棘旅途,面临每年 30% 以上的项目与任务增幅,快速吸纳新鲜人才,处于高速扩张、攻城拔寨的历史节点时，我们遇到了所有大企业所共同面临的瓶颈，那就是人才培养与企业治理。对于 KK 的营销人员来说，如果"做好每个细节"是一份信仰，那么在"战争"中学习"战争"的方法，去沉淀与传承文化则是一种必达使命，尊重过去、立足现在、浇灌未来。

其实一直以来这是我们的传统，从一个熟识 KK 多年的业界老朋友口中，我欣慰地找到了一面"镜子"对此进行佐证，他说："经历了这么多年，KK 的营销人一代接一代，但营销方法始终传承了下来，KK 人的优良职业素养也始终还在。"这话既是一颗方糖听来腻牙暖心，也是一记鞭策顿感压力。当团队快速壮大，新人已很难手把手点对点一一传帮带时，我们该如何继承传统？

终于，今天《花生》接过了接力棒，记载 KK 营销团队骨干每个人的见解。你可以把它当成一本团队管理方法论文集，但又带有些许傲慢与偏见，富含众人的感情色彩；也可以视它为一本房地产营销管理实战案例汇编，但又坐而论道，有些议论文或教科书的味道；还可以理解为一本团队成长自传，虽谈不上荡气回肠、婉转曲折，可真挚朴素，直面工作中的种种现实；甚至，它就是一本影集，捕捉我们这群年轻的地产营销人挥斥方遒的瞬间，记录这个时代的缩影。也许，是什么并不重要，只要它够有趣，够真实，能够在烟波浩渺的时光海洋里激起一点浪花，足矣！

《花生》是我们的工作场，也是我们的游乐场，是我们的黑胶唱片，也是我们的沙印足迹；是一份礼物，来自时光里，来自生活中，来自团队里的每一分子。《花生》正拉响海角七号的汽笛，寄望未来的我们。

花生，剥开来，很脆，很有滋味！

刻骨铭心的日子，打开未来创业之窗

我们就这样从繁忙中寻找意义，从辛酸中寻求快乐，从青春里探索人生的真谛。

2014年12月2日，是父亲的生日，我回家为父亲庆生。吃完蛋糕后，三岁的儿子对我说："我长大了不当爸爸，因为爸爸太辛苦，爸爸太难当了。"他那么小，何来如此的同理心？我感动不已。他也许还不懂，爸爸的身上背负着责任。

什么是责任，什么是我的责任，我曾彻夜思考这个问题。领导的责任：第一是爱；第二是带领团队获得好业绩和经济收入；第三是为团队创造外界认同的、愉快正向的工作环境；第四是让团队每个人收获技能、心灵和人格的成长。

人生因体验而难忘，因感动而柔软，因自责而懂礼，因施爱而成熟。

如果没有以上这一段刻骨铭心的日子，便没有《花生》，我便不会打开未来这扇创业之窗，并在今天，总结、沉淀、回忆出以上这些用血汗、悲苦和欢笑换来的文字。

青春无悔，人生值得！

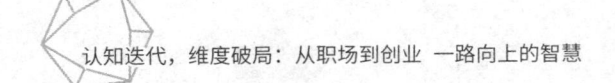

我们不要比挣钱的速度，要比花钱的生命长度

写这段文字，是 2021 年 5 月 20 日，当天下午，链家发布公告，创始人左晖因病情突然恶化离世。就在昨日，链家依然是一个神话，几乎颠覆和改变了行业格局和地产交易的游戏规则。突然，生命如流星般一闪而逝。

地产圈炸开了锅，各个微信群、朋友圈都在感慨生命的可贵、健康的重要。地产人几乎都很拼命，然而这一刻，仿佛所有人突然认识到，健康才是那个 1，没有 1，挣再多的钱，再多的 0 都没有意义。

开句玩笑，我们不要比挣钱的速度，要比也要比花钱的生命长度。

这一切真是神奇的巧合，我的这本书写到了"数字归零的意义"这一话题，那一刻和今日这一刻发生了神奇的呼应和衍射。

今天也是 520，一个充满爱的日子。白天老妈微信上给我发了一幅她自己作的画，画中几条锦鲤簇拥在一朵荷花边，色彩丰富，充满生命的活力，画名《鸿运当头》。老妈说："儿子，今天 520，老妈画幅《鸿运当头》送给你，愿你喜欢（笑脸）。"我感动不已，开心地回答："谢谢老妈！"

07 跨过商业这个"坑"，
走出自己的特色

日历翻到了 2015 年。

年初某天，集团突然征询我的意见，是否愿意去管理集团商业系统。

商业是市场的难点，更是一颗"毒瘤"

近些年，商业始终是市场的难点，更像是一颗"毒瘤"。在中国房地产拼命奔跑这十几年里，城市快速地摊开大饼，不断地将城市周边的荒地变为鳞次栉比、大厦林立的城市新区。因为新区快速建设，政府往往需要配套先行，所以医院、学校、交通、运动场馆、商业设施等，都需要提前进行规划。

商业不同于其他设施，它需要人作为支撑，但是往往城市人口入住率还没有达到一定量，商业就被规划了。商业土地被出让，商业建筑就被要求修建和开业。这些年，中国二线以下城市的综合用地，往往要求配套 20%—30% 的商业性质建筑，而住宅用地也通常在控制性修建详规上，写明 6%—10% 的商业配套。

因此在这场轰轰烈烈的造城运动中，大量的商业被修建。早些年，住宅均价每平方米几千元，而商铺均价动辄达到每平方米两三万元，还是有老百姓买单。但随着城市化以及开发商规模化发展的进程加快，商业规划多了，修多了，修快了，商家却没有这么多，因为居民还没有住进小区，于是爆发了商业卖不掉、租不出、运营不起来的问题。大量的商业建筑空置，分布在城市的各个角落。这成为城市规划者、各大开发商以及老百姓心中共同的痛。商业从早些年开发商的利润中心，变成了后期现金流占用障碍。

商管：我不入地狱，谁入地狱

所有的朋友、同事都劝阻我不要去蹚商业这摊浑水，毕竟商业太难做。对于招商运营我还是个"小白"，从未涉猎这个领域。KK以高周转为主，貌似也对持有运营商业兴趣不大。他们都认为我在营销体系上履历辉煌，往后也是平步青云、前途大好，若是去搞商管，不容易出业绩，可谓凶多吉少，极有可能毁了一世英名。

而我，几乎没有太多犹豫，果断"蹚浑水"去了。对我来说，没有触碰过的事情，才有知识和能力的高边际效应收获。挑战难关，更有乐趣和意义。商业的问题，总要解决，总得有人去致力于解决，我不入地狱，谁入地狱？

琳琅满目的商业模式，种类繁多的商业业态，形态各异的店面装潢，像是一个万花筒，深邃而具有魔力。管理商业体系接触的商家资源，也是在人脉和思维模式上的加分项，从此我可以理解运营和经营思维，对"生意"这门商业艺术才算是理解通透。

带着这份思考，凭着一身热情和率性，信奉任何问题总有解法，也需要人去解决的终极笃定，我毅然跳进商业的汪洋。

商业这个东西，极其复杂，讲求商业规律。想把商业做好，需要极大的知识和能力储备，例如资本运作、建筑设计、交通动线、商家经营逻辑的理解、广如繁星的品牌认知、招商流程、运营体系、传播推广、活动营销、租售经济模型测算、财税设计、消费心理学、社会经济趋势发展认知，等等。我虽是营销战场上身经百战的战士，但在商业运营上却是一个"小白"，举目四顾心茫然。如何找到商业的发展方向？如何快速沉淀我对商业地产运作规律的通透理解呢？

"阅百卷、行百盘、识百人、写百篇"

为了快速成长，我在答应调岗之初，经过思考设计，给自己定了个"阅百卷、行百盘、识百人、写百篇"的年度火箭进阶计划，又拿出了到成都面对陌生市场时的冲劲以及进阶的恒心和毅力。世界上的一切问题都有答案，几乎每份探索都有前人足迹，今天你想玩的东西，早就有人玩过了，那么借鉴学习就是最高效的路径！

阅百卷，是指快速海量阅读各类商业著作。通过朋友推荐，我淘了一堆商业专业书回家，包含定位、设计、招商、运营、

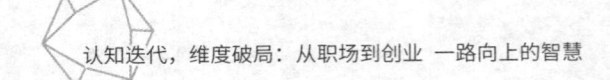

选址技术等方面的手册，无论是个人实战总结，还是《万达商管招商运营》《宝龙商业管理秘籍》这样的体系论述，纷纷啃下，把厚书读薄，融会贯通，建立自己的商业体系大局观。

行百盘，大量考察全国乃至全球的商业项目，包括北、上、广、深、苏、杭、蓉、宁等大中型城市，中国港澳台地区，以及泰国、新加坡、日本、韩国等国家的代表性项目，几乎走完一遍。无论是城市中心步行街，如新加坡乌节路、首尔明洞、东京银座，还是购物中心，如APM环贸广场、颐堤港、爱雍·乌节（ION Orchard），乃至购物公园，如COCO PARK、蓝色港湾、南京1912，还有特色商业，如上海田子坊、北京798，创新业态，如骑鹅公社、神兽寺街，艺术商业，如K11、侨福芳草地，我皆踏足其间，深度调研。做这些，只是因为我相信："会当凌绝顶，一览众山小。"巅峰的风景看多了，也就知道如何找路了。

识百人，结识行业资深大咖，从他们略带家乡口音的普通话、上海话、粤语中，我吃力地汲取着专业营养。他们对商业拥有广博的认识，而商业定位、商业内容是需要以文化底蕴为根基的。例如：延安的红色文化，于是就有了红色主题商业街；北京前门的"大栅栏"项目，体现了地道的老北京文化。因此我需要积极地去接触各个领域的卓越人才，商管老总、品牌老板、文化学究、经济泰斗，如水皮、袁岳、吴晓波、印岚、熊培云、蒋鹏……他们的阅历、见识、理解、洞察，就是一部部厚重的商业老皇历，听他们讲述一场场人间的烟雨汇，十分有趣。

最后是写百篇。那一年我把自己的微信名字更改为"唐搏虎新商业价值日志",坚持每天写一篇短篇日志,以商业之眼看世界,记录下每一天的思考心得:可能是考察某个项目的收获,也可能是与某个商业人士的交流感悟,或者是自己的思绪浪花。总之我坚持沉淀、记录、分享,锻炼自己对商业规律的提炼萃取能力,形成自己的理解和观念,也倒逼自己像扎马步那样坚持做一件事,无一日中断。

现在看来,这算是一种修行,坚持做一件事,在某一点上着力,锁定商业,坚持写作记录,好似站梅花桩。当你坚持了足够长的时间,会发觉功力不知不觉增厚了。我相信"一万小时理论",且希望它尽快来到。

走具有自己特色的商业之路

一边学,还得一边干。多少次游走在光鲜亮丽、运营良好的全国知名商业综合体里,我在想:什么时候,我们KK的美轮美奂的商业可以开业啊? KK的商业到底走哪条路,这是一个战略性问题,它的企业基因和历史沉淀,决定了不能照抄万达、中粮、龙湖这样的以开发大型购物中心为主的逻辑。

第一是因为起步已经落后,第二是与拿地战略不符,我们开发的大部分是住宅地产,商业体量的指标源头来自综合用地配套的商业指标或者地块。整个团队能力体系也是与之不吻合的,搭建一支成熟的商管团队,需要在项目上试错和沉淀。我

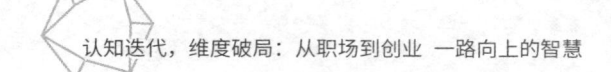

们应该走具有自己特色的商业之路，聚焦于邻里中心、社区商业中心、距离老百姓最近的"一公里"。

做许多事情都是这样，不能盲目生搬硬套，你得知道自己的优劣势，以及属于自己的机会在哪里。

在此基础上，我们寻访全国的知名商业设计院，联合制订打造属于 KK 的小盒子加街区的第三代社区商业模型，并运用在重庆的空港城和大竹林商业项目上，也就是今天的美邻汇。同时与集团财务总联动，优化项目经济模型。巧妇难为无米之炊，为了商业的健康造活（KK 之前的财务测算模型，是以项目开发为基础的测算，费用科目里都是开发费用和建设成本，没有商业运营费，所以要想进行招商运营，就需要追加和单列商业运营费用。有了运营预算，才能够成立运营团队，给他们发工资和奖金。财务部在预算测算模型中，提前纳入根据业务侧提供的项目预算，商业体系才有财务科目，才有资金出口）以及运营持续，我们专门在项目投资测算模型上，预留了商管费和运营费，这样，就有资金进行团队的进一步搭建，以及持续运营。

随后我牵头成立了"金领商管团"，专门为社区商业进行运营服务赋能。此外，为了扩大商业品牌影响力，出品了《VALUE 社区商业》杂志，并约请全国知名商业大咖供稿。

一个商业项目从前期定位到设计施工，再到招商运营，起码要经过两三年的时间。但公司是不可能给我那么多时间，等到项目完全呈现来证明自我和建立对我的信任的。我唯一能够做的，就是真正建立起清晰的战略认知，建立起商业开发体系和产品线，让整个集团对商业有清晰、科学的商业逻辑认知。因此，我一年就交出了一份 KK 商业战略布局的答卷。

此后，KK 商业虽然没有在全国扬名立万，但逐步开始"上道"了。

一年的时间，集团的商业管理体系面貌大幅改观，从完全没有方向和信心，到清晰的商业战略，明确的"社区商业棋手"商业品牌规划，再到商业运营管理体系从无到有的搭建，以及商业产品线的标准化出台和商业产品开发的财务模型建立。我的拼搏精神、务实破局的态度以及改变面貌的能力得到了集团的认可，进而被委以重任，晋升为集团总裁助理（集团副总裁级别）。之前从重庆公司营销副总调到集团商管中心时，我就不管营销，只负责集团的商业中心。而我升职为总裁助理后，扩大了管理的范围，不仅分管集团商业中心，还管理营销中心、研发中心、投资拓展部等。

从此，工作更加繁忙，更充满了挑战。

08 好的职场导师
会让自己受益终生

回想自己的职业经历，我曾经也是一个朝九晚五、上班打卡、下班潇洒的职场新人，几乎没有事业心和目标，到后来越来越知道自己想要什么，在工作上和事业上不断树立清晰的目标。促使我发生如此大的转变的，是我有幸遇到了一位非常优秀的职场导师，他深深地影响了我。

这位导师，就是我的老领导——KK集团原董事长蒋先生，行业里、企业里都叫他蒋总。

2015年，我被升任为集团总裁助理，调到集团负责商业、定位、营销、拓展等板块，当时蒋总担任集团总裁，还未担任董事长。那一年我与蒋总接触、配合工作的机会很多。我因为好奇和崇拜，细心观察他为什么可以做得那么好。

蒋总被认为是一个几乎完美的人，无论是社会上还是企业内，他的风评极好；无论当面还是背面，几乎没人说他一句不好。这是极其难得的评价：一个问题的解决，一个决策的做出，肯定有受益方和被影响的一方，而企业要发展，也并非一帆风顺，总有这样那样层出不穷的问题，但蒋总总能完美且艺术地处理好许多关系、利益。人生在世，无非做人和做事两大维度，蒋总于此二者臻于完美。

总结起来，蒋总的能力和人品大概体现在以下方面。

领头人特质一：心胸宽广，有大格局

蒋总是中国最早的一批房地产从业者。1998年，中国房地产改革的第一年，取消福利分房，推行货币化，KK就是这一年创立的，蒋总正是创始人之一。

他常常关注行业变化，具有行业使命感和社会责任感。"我们要让社会满意、客户满意、员工满意"，他是这么说的，也是这么做的，考虑问题并做决定时，都会进行综合权衡。

他也常说"相信党、相信政府"，与政商各界关系处理得极好，因为他具有行业思维，在跟各级领导的沟通中，经常能敏锐地收集到行业商机，并且推动了企业许多政策性改革。

近年淡出企业以后，他成为重庆市房地产商会会长，带领行业面对未来的转型升级。他认为企业一定要大而强，做大才能拥有资本规模，才能引入和影响一流的资源，而做强才能让企业价值发挥最大化，控制风险，推动行业发展。

领头人特质二：责任感强，勇于担当

蒋总敢于创新，善于决策，而且勇于承担责任。许多重要会议或者关键决策上，蒋总都是最后的拍板者。无论再难、再大的问题，他总会认真地听取大家的建议，在广泛征集、听取

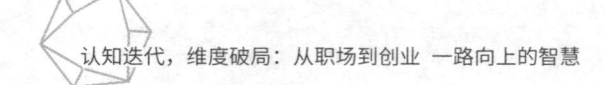

意见之后，给出清晰的方向和决策。

我曾多次看到蒋总于企业发展重要关头挺身而出，力挽狂澜，引咎归己，而非推脱、责备于人，更不是沉默、放任、和稀泥，甚至有几次他还主动要求对自己进行处罚。在他身上，大家感受到如高山般的厚重力量，觉得有依靠、踏实。他作为领导的担当和魄力，极大地激发了团队的使命感和创造力。有蒋总这样的领导，大家干劲十足，士为酬知己嘛。

领头人特质三：注重细节，心思缜密

蒋总在打造产品时会跟设计主创一起，花大量的时间讨论、打磨细节。

去工地现场，他常常驻足良久，像欣赏一幅名画那样，细细品味产品细节，一块砖的贴法、一棵树的造型、一个边坡的结构、一套保安的开门敬礼服务流程，他都会仔细琢磨，并给出一些建议。从中，我看到了他对产品的挚爱和用心。

我当秘书的时候，每逢开大会加班写总结，蒋总也会连续加班到深夜，跟我一起推敲每一个标题、每一句话的用词，对于来年的管理施政纲要，想得极其清晰。蒋总记忆力极好，对数字特别敏感，他有一个绝活，就是速记11位数字的电话号码。他几乎不用通信录，都是随手拿起电话就开始拨号，不光是熟悉的人，大部分的领导、朋友、员工的电话，他都记得。企业的经营数据，包括各个公司销售额、成本、利润等，他也全记在脑中，非常精确。

领头人特质四：专业性极强，勤勉工作

蒋总早年干过工程兵、干过采购、干过销售、市场开拓，他在工作中不断学习，对于建筑规范、设计、成本、工程、市场、开发报建流程，几乎全部通透。这也是他令人信服的地方，因为非常专业，所以决策精准，敢于授权。要想当一名合格的领导，只会做人，不懂专业，无法帮助下属也是不行的。而恰恰是蒋总的专业性，对推动企业的发展起到了至关重要的作用。

蒋总几乎把所有的时间和心思都花在了工作上。我看到的是，他几乎全年无休。平日里工作繁忙，一个接一个的会议、审批流程，来来往往许多合作伙伴和员工，需要他来接待沟通。几乎每天晚上他都有应酬，要与各界保持信息通畅；春节、中秋等节日前后，几乎中午、晚上都有饭局，回来后仍继续工作。

KK做到全国化运营以后，蒋总外出的频次更多了，常常因为加班或外出，以一碗方便面或是一碗粥果腹。哪怕如此繁忙，每当有人遇到困难，他还是愿意花时间，运用他的资源和智慧，施以援手。

领头人特质五：换位思考，善于与人合作

几乎每一个与蒋总打过交道的人，都会被他的人格魅力所折服。其中最重要的一点，就是他特别善于换位思考，总能站在对方的角度思考问题，给出符合双方利益的共赢性解决方案。

在企业经营中，蒋总既拥有经营者思维，又能体恤员工，设身处地为员工着想。他制订的决策既能得到上层的支持和信

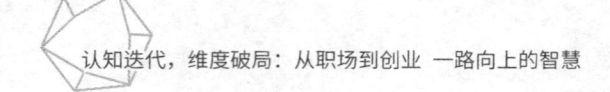

任，也能够得到员工的理解和拥护。

地产行业是一个紧密合作的产业，涉及产业链上下游，有客户、设计方、材料方、施工方、广告公司、媒体、银行等，许多项目也有土地或者资金的合作方、大小股东，蒋总这种换位思考、谋求共赢的做法，也让大家在合作中或在利益的博弈中，总是能够求同存异，于大是大非上达成共识，遇到矛盾也能够协商解决。

领头人特质六：一诺千金，待人有温度

"君子一言，驷马难追"，蒋总答应的事一定会做到。签署的合同，一定严格按照合同办事，遵守契约精神。对内颁布的制度、规定、奖金激励方案，也一定兑现，从不推诿。蒋总总是说："既然定了，给大家宣布了，就一定要做到，要执行。如果发现错了，我们就下次总结调整，但是说到的就一定做到，否则作为企业，谁还会相信我们，谁还会跟我们合作？"

这么多年，我从未见过蒋总当面狠狠地批评哪个员工，不给人留面子，也没有听他背后评论一个人的不好。倒是从蒋总口中，我经常听见他夸别人的优点。我发现他总是看人长处，说正面的话。

倘若批评教导人，他一定会私下沟通，并且用一种别人能够接受的方式进行，让人很舒服。蒋总说"要用人之长"，他能够巧妙地把人用在适合的岗位上，并且鼓励和激发他们，让他们发挥长处。

多年以后，我才明白，这是一种心胸，也是一种智慧，更是一种做人的涵养。

蒋总的温度，还体现在他关心每一个员工，平易近人，哪怕是基层员工，他都能叫出名字，并且在员工需要帮助的时候施以援手。在员工结婚或者小孩就业等人生大事上，蒋总也常常挺身而出。他帮助许多员工的子女联系好学校，也是一个著名的"证婚人"。许多员工离职之后，依然会找蒋总见证他们婚姻的幸福。每一次他都不会准备套路化的发言稿，而是先去了解每一个员工的背景，结合他的特点和经历，用心打磨证婚词。每一次的证婚词，都是不一样的定制版。

团队打了胜仗聚餐，邀请他参加，他若是有事不能前往，还会专门安排人送去一瓶红酒，给予祝福。这些细节，非常用心和到位，让人感受到温暖。

领头人特质七：感恩重孝道，洁身自好

蒋总曾经在厂矿待过，虽然他已经成为中国知名上市公司的董事长，接触的很多都是厅部级干部或是企业老板们，但对于厂矿的老领导，他总是心怀感恩，去看望他们，尊敬如初。对于自己的母亲，蒋总也是孝敬有加。一个懂得感恩的人，一个孝敬双亲的人，才是值得尊敬和追随的人。

蒋总是行伍出身，极其自律。企业的各种制度，蒋总一定身先士卒，哪怕是统一着工作服、早上打卡这样的细节，他都能悉数做到。无论晚上加班到多晚，第二天早上他也会坚持到

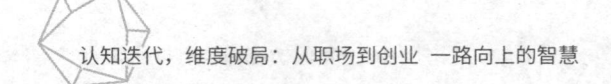

公司打卡。

蒋总身居高位，各种诱惑接踵而至，但这么多年来，企业里、社会上从没听说过关于他的风言风语，无论是生活作风，还是工作纪律方面，他都洁身自好、自律、严谨、廉洁，堪称典范。

祝福所有人得遇职场卓越导师

我们进入社会，进入职场，就像是来到一所崭新的学校。入职之初，我们最应该选择的，是那个即将要跟随的人。无论选择什么行业，从事什么岗位，最重要的是在职场上为自己找到一个优秀的导师。

一位好的职场导师，会让你立志变得优秀，拥有崇高的追求，变成一个追求卓越、自律、大气而温暖的人。

蒋总就是这样一位卓越的导师，我何其有幸，在他的带领下，树立起正确的价值观，在他身体力行的示范中，我懂得了如何做事，如何做人。这些年，我勤勉、积极、与人为善，无论在职场上还是创业过程中，蒋总带给我的影响和帮助，都是巨大的、受益终生的。

所以我也感觉自己特别幸运，非常感谢这位领导、大哥、老师。

祝福每一位看到这篇文章的伙伴，都能够幸运地遇到一位优秀的职场导师，让自己志存高远，越来越好！

09 终于明白什么是真正的负责

有时在开会途中会扭头看看窗外的阳光,看看外面的世界,鸟儿在自由地飞翔,树叶折射出生命的翠绿,这时我会向往能够在阳光明媚的日子里,喝一杯咖啡,安静地看看书,享受心灵和生活的宁静。

超负荷工作下的倦怠与焦虑

自开始担任公司高管到 2015 年调到集团总部,我基本上一年四季不是在开会,就是在出差,一天平均七八个会议,几乎从早开始,直到深夜。每天还要处理 OA 自动办公软件以及 ERP 的合同、多达两三百条的付款流程,仅仅审批流程平均每天就要耗费两三个小时。

2012 年的体检结果显示,我的身体指标存在异常,血脂高,甲状腺出现问题——甲减。那年 3 月 20 日,是儿子的两岁生日,我开会至深夜,回家时小家伙已进入梦乡,无法为他庆祝生日。看着儿子熟睡的脸庞,一丝内疚与自责袭来。我只能告诉自己:今天的拼搏是为了孩子未来的道路更宽阔,以此安慰自己。

2016年,我将迎来35岁,对于这样的工作和生活状态,越来越感觉到空虚,缺乏激情,我好像找不到自己真正热爱的事情和目标了。

但是以世俗眼光来看,我在几万人的上市企业集团,成为职位最高的那几个人之一,开大会时坐在主席台的最前排——我几乎是大家公认的下一批接替集团管理、完成代际交接的高层接班领导人之一。我拥有高年薪、股票激励以及让人羡慕的社会地位。这样的日子,在别人看来挺好的,我也时常有一种错觉:好像还不错,一切的辛苦都是值得的。

欲戴皇冠,必承其重。旁人羡慕嫉妒,只是看见我人前的光鲜,看不到我背后多年的勤奋和辛酸劳苦。

随着年龄的增长,我越来越多地思考:这是我真正想要的吗?我快乐吗?答案,我自己也不确定。

其实早在2012年,特别是在那个备受职业操守和人性良知拷问的时间段里,我就萌生过辞职的想法,并于2014年写了辞职信。但因为诸多原因,这封辞职信从未递交过,存储在电脑硬盘里几乎被遗忘的角落。

辞职信原文如下:

辞 呈

——深思之后不舍地作别

尊敬的集团及公司领导:

曾经签阅过许多员工的辞职信,来来往往,每次我都在想,他们的辞职信是如此简单，草草数言，通常托词身体原因或不堪重负，或者没有原因。我想这背后其实一定有许多的原因，只是不愿向公司或者我诉说，或是懒得说太多。

也多少次思索，我的未来在哪里，自己离开的那一刻会是怎样。如果我向公司提交辞呈，一定是诚恳的。因为KK，因为我生命中的三分之一都在这里度过，从无到有：经验、能力、收入、职位、声誉、情谊，太多的收获……所以对于公司、对于各位领导，我是发自内心地感恩，没有KK，没有你们，就没有我今天的一切。

对于今天的决定，严格来说并非"今天"的决定，想了很久，大概有一两年之久，这个很久是因为一直在纠结，内心两种声音一直在博弈。一方面因为对公司和领导的感情，或是已经习惯了这里，对于未来的改变，有一种未知带来的恐惧，所以无论再苦再累，总是说服自己坚持下去。另一方面，自己干得并不开心，身体长期超负荷运转，深感对不起家人，而且看不到明天，想去看看天高海阔的想法非常强烈。

一直在这两种声音中纠结前行，但每当处理工作时，我总是心无旁骛。我告诉自己，只要在KK一天，就要尽职尽责，不辜负领导的栽培，不要耗费自己的时间，也不要耽误企业的时间。要对KK负责，这是自己的一份道义，更是我骨子里的一种人生价值观。所以对于KK，我是问心无愧的，我对于每一个项目，对于重庆公司，总是想方设法来确保任务、利润达成，完全站在企业角度去思索，去决策。不做短期决策，不做有利于自己但不利于企业的决策，不做短期利于目标而长期给企业带来深层次问题的决策。更是花了很多时间挑选、培养团队骨干人才，今天的重庆营销系统骨干员工，一个个都是能征善战的强将，心态好，做人正向，我也把他们当作亲人，当作朋友，彼此间真诚相待。所以，对于企业以及领导和同事，我自问，对得起。

…………

我们正在经历企业成长的阵痛，我相信KK的各级领导也一直在思考以上问题，并为之努力，在今年尝试了非常多的改革。

此外，我心灵深处的"焦虑感"，也常常弄得自己彻夜不眠。这种焦虑，来自对未来的憧憬，来自工作已经占用了全部时间，无暇照顾家人和参加朋友聚会，来自没有时间思考，没有时间学习，没有时间锻炼身体，已经不知道自己过得是什么样的生活。我觉得自己已经不是一个人，而是沦为一部无休无止的机器。

人生不长，青春短暂，真正能够充满激情的拼搏就这二三十年。如今自己才三十几岁，然而生活就如此固化，我实在心有不甘，多少次试想自己在年老的时候，会怎样评价自己的一生，以及今天的决定，但每次都是自己在回避自己，不愿给出答案。醒来后又继续工作，继续埋头拉车，向目标迈进。

有时候我真的不知道这一切是为了什么。

最后，我给自己的答案是，我需要一段时间休整，需要放空自己好好想想，需要一些有益的改变。人生有太多的可能性，我还有太多的事情想去实践和尝试，例如认识更多的人，学习接触自己不曾经历的领域，吃更多的苦，犯更多的错，听不同的声音和观点，到世界各地旅行，让自己的一生饱满而丰盈。

现在我基本上是家里的经济支柱，我的事业不能丢，我的身体更不能垮。我今天的决定并非冲动，在我把决定与家人商议时，他们非常支持我，也深深地知道我的不易、我的憧憬，对我的明天充满信心。

对于重庆公司，营销团队已经非常强大，机制也已搭建成熟，今年的项目总体良好，产品结构也较为合理，选择在这个时候离开，对集团及公司的影响会相对较小。我会处理好善后工作，让员工安心努力工作，为集团经营出力，全力确保年度任务达成。所以恳请公司及领导对本人的决定予以支持。无论我身在何处，心始终是KK的，希望用更大的抱负和成就来回报企业，回报各位领导的多年栽培。

唐　畅
2014 年 5 月

辞职信写好后始终没有递交，因为我最大的牵绊，是来自情感的重负——如何面对蒋总。这些年，他待我恩重如山，给予我极大的信任，栽培、提拔我成为公司高管，没想到我却要离开，别人会怎么看他。

随后两年，我亦是在其位谋其政，继续拼命努力地工作，视野上不断开阔，个人飞速成长。从地产公司单城市营销总（地产集团下面负责开发的某个城市公司只负责单个城市），成为集团全国的副总裁级，分管营销、商业、产品研发以及投资拓展，既跨了界（行业内部专业职能领域的跨界，营销、产品研发和拿地拓展是不同的专业板块），又看项目、管项目，走遍全国，也了解了许多城市不同的人文和经济特点。

辞职的念头在心里已经埋下了种子，工作上却丝毫不敢懈怠，因为有责任感和职业操守。然而，内心深处回归自我的渴望和呼唤却从未停止。

一眼看得到的未来，我感到害怕

但我始终不敢张望未来，不是因为对未知的担忧，而是因为我一眼就看到了未来。我仿佛能够看到自己在企业里逐渐成为区域董事长，甚至集团总裁的接班人，将KK的接力棒接下来，然后在这里干一辈子，与房地产这个行业共舞，直到谢幕。

唯一的未知数，是行业和企业，谁坚持到最后。是能力决定这一切，还是时代决定这一切！

这种害怕和抑郁，使我产生一种挥之不去的疼痛感，在心里时不时地泛起，时好时坏，时轻时重。

感谢命运，会在人最无助、习惯痛苦挣扎几乎就此沉沦的时刻，踩一脚刹车，给予片刻的暂停，带来顿悟，让光照彻黑暗。

2015年年末，在一场足球赛中，我右脚外侧跖骨骨折，不得不停下工作，打上石膏在家静养。这也许是天意，让我从惯性的日常工作中慢下来、停下来。那两个月，我只能躺在床上，垫高枕头让脚掌不充血。

那时我每日疯狂读书，读历史书。当把人的视角拉到整个宏大的历史画卷中，穿越古今看待世界、看待人生时，你会发现我们的一生真的是太匆忙了，在历史的洪流中，只是沧海一粟，转瞬即逝。我应该更加珍惜生命，活出人生价值；遵循内心，探寻不一样的前路。那两个月，我思考了许多，越想越清晰，只需要做一个最终的决定。

顿悟：什么是真正的负责

脚伤恢复后，2016年6月初的一个下午，我寻到了那个答案。那天同样坐在办公室窗前，瞬间心中一道霹雳闪电，一个顿悟般的念头击中了我，打通了我的任督二脉："唐畅，什么是真正的负责？这种纠结让你功力大减，内耗严重，你这样的状态是对自己负责、对家人负责吗？对企业和领导也是一种不负责啊。当你无法全力以赴地付出时，不也是对蒋总和公司的不负责吗？当你的担子更重时，这一切的状态是不顺畅的。不顺畅，你就负不起这个责！所以，最大的负责，是诚实地面对自己，诚实地面对这份工作，诚实地面对未来。遵循内心，才是真正的负责！"

我突然好高兴，我终于找到解决这一切困惑的答案，终于将心里的渴求和情感负担的矛盾死结打开。当走出错综复杂的

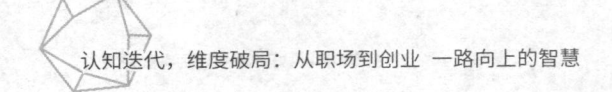

思维迷宫,找到最终出口时,我终于可以勇往直前了。

我没有丝毫迟疑,既然想明白了,放下纠结并诚实面对自己的内心,何不当下就去改变?

我立马起身,上到了地矿大厦12楼,没有任何书面的辞呈,向蒋总,也是这些年一直苦心栽培我的好领导,我最放不下、最怕辜负的好大哥,倾诉了心声,表达了去意。我知道这个辞别对他很残忍,但我始终坚信,这才是对我和公司最大的负责。

随后几天,老板以及其他几位高管纷纷来做我的工作,董事长把我叫到他居住的小区一起散步,和我语重心长地聊了足足两个小时。但我不想再纠结。感性方面,遵循心灵的呼唤引导;理性方面,践行我顿悟的"何谓真正的负责"。我坚信,离别并非放弃,彼此握手祝福,彼此都会成就更好的未来。

2016年6月6日,我办完离职手续,这个日子,是巧合,是祝福:我从2004年3月5日进入KK天籁城售楼部,加入这家成就我、陪伴我、生活多年的像家一般给予我第二生命的公司,直至今日,已经足足有12年。我见证并参与了企业的发展壮大,从单盘到多盘,从重庆到全国,从小公司到成为上市集团,从管理不完善到建立集团化、数字化、健全化的管理体系,从1走到10,从无声走向辉煌。自己也从一个不谙世事的小伙子,从不善管理的低情商职场新手,成长为历经职场风雨,懂得人情冷暖、深谙地产之道的行业高管,并为人夫、为人父。

2016年6月6日,三个6,顺顺顺,祝愿彼此一切顺利!

CHAPTER

5

人生需要归零的勇气

01 一觉醒来的一万种选择，如何为自己定位导航

办完离职手续的那一刻，我如释重负，一种从未有过的轻松涌上心头。放下，如获重生；开心，因为选择了对自己真正负责的方向；欣慰，自己终于勇敢地迈出这一步，我内心的自豪感油然而生。

这么慢，那么美

总算体会到这样的日子：日子如流水一般滑过，终于学会了安静，学会让自己慢下来，留意一些往日忽略的美。恍然发现，其实岁月是宽厚的，待你不薄。同时也发现，当下的欲求越来越少。简单岁月里，安排好自己的一颗心，一半浅喜，一半深爱。

这其实是一种生活方式的转换，轻松的同时，也给我带来迷茫：我相信自己的选择是对的，但是对于接下来的行程和具体做法，还有许多需要思考和探索的。

一觉醒来，望着天花板，我知道自己再也不用匆匆忙忙赶着上班，早起开会，或者去应对一堆的人和事，一切都清空了。

此刻，仿佛有一万种选择，有一万件事可以去做：可以在家里看书学习，放空思绪发呆，盘坐冥想；也可以找上几个朋友聊聊接下来的方向和生意机会；或是报个学习班进行充电，补补未来路上所欠缺但是重要的东西；还可以选择出去旅游，给自己的身心放个假，犒劳自己多年的艰辛，顺便思考未来的路。

以前，即使自己不规划工作，许多工作也会主动把你规划进来。例如：有若干的会议需要你去参加，有很多人要找你办事。整个运营体系会有年度重点工作和月度计划，你需要努力去完成它们。你还要每天盯着数据，生怕它掉下来。你知道自己该做什么去匹配整个集团这艘航空母舰，作为螺丝钉，无论大小，都有自己相应的职责和作用。在航母高速前行的巨浪中，工作节奏根本慢不下来，所以每一天都过得非常繁忙而充实。你会想尽各种办法，尝试各种手段和途径去为数据打拼。所以，工作无缝衔接，时间利用得足够充分，而精力是过度透支的。

"体制化"之思考

可是当面对太多选择时，人生不再是一趟遵循轨道行驶的列车，而是一艘航行在茫茫大海上的轮船，需要自己来定位导航，此时我有点儿迷茫了。我需要好好思考接下来的方向。从何做起呢？

著名好莱坞电影《肖申克的救赎》中描述了这样一个场景：一个叫老布的重刑犯，在监狱中待了整整50年，渴望能够重获自由。然而，当他即将出狱时，却表现得惊慌害怕、不知所措，因为他与外面的世界隔绝了50年之久。50年，半个世纪，一切都变了，这个世界是如此陌生：入狱前，他只见过一辆汽车；出狱后，满街穿梭如织的汽车，让他感到眩晕。这个自由且充满无限可能的世界，对老布而言，却是另一座陌生孤独的监狱。在狱中时，犯人们上厕所必须报告，得到许可后方可前去。回归社会后，上厕所无须报告，可是老布在洗手间站立良久根本解不出来。他痛苦万分，无所适从，彻夜睡不着。最终，老布选择了自杀，因为他无法面对自己错失了50年的新世界，他根本无法理解，也融入不了这个新世界。

摩根·弗里曼饰演的瑞德道出了这背后的秘密——关于"体制化"的规律："起初，你讨厌它，然后你逐渐地习惯它，足够的时间后你开始信赖它，这就是体制化。"

放眼大千世界，"体制化"的例子比比皆是。在体制中工作了12年的我，对社会的认知和做人做事的逻辑很多都源于"体制"，或多或少都受到了"体制化"的影响，习惯了那样的节奏、味道和空气。

我突然意识到，一个人曾经的经验和阅历可能是助力，也可能是框架和羁绊。

我需要重新学习，主导生活的节奏——是规划事业，而不仅仅是工作。我知道，这次调整一定会有一段或长或短的适应期，需要勇敢地去面对。砥砺前行，用行动去收获经验和教训，时间一定会给自己想要的答案。

02 大资管时代——"新商代"诞生

广阔无垠的世界，机会与挑战、焦虑与困惑并存。

地产行业拐点已到

关于未来赛道，我是这样思考的：

在地产开发这个赛道，发展空间被逐步挤压，未来十年，16亿乃至17亿平方米（2016年销售面积达15.73亿平方米，2017—2020年维持在17亿平方米左右，2021年17.94亿平方米，从2022年开始下跌至13.58亿平方米，2023年销售面积继续下跌）的销售规模，已经是全中国的开发规模峰值，拐点已到，未来的地产行业会从高位运营期过渡到中位运行，开发销售规模逐步下滑到8亿至10亿平方米。而且行业集中度将会进一步加剧，未来可能是大开发商的天下，无论是土地、人才，还是资金、各种优质合作资源，都将向全国地产三十强、五十强大开发商聚集，所以未来小开发商的机会几乎为零，即使有，也是局部地区的少量机会。

即便如此，大开发商的日子也会越来越难，土地供应、销

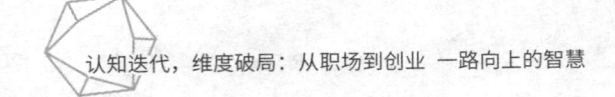

售价格以及开发融资等都会受到限制。

具体来说，土地出让面积会逐年收窄，优质地块的土地越来越少。土地始终是稀缺资源，因为地块面积减小，同时在土地招拍挂时还要竞自持比例（拍卖开发用地时，开发商除了竞拍土地价格，还需要提交不销售的面积占总面积的比值。通常要求开发商持有10年以上不销售且用于出租的房屋，这部分面积是国家为了投放更多的房子到租赁市场而特别规定的，但是因为部分房屋短期内不允许销售，所以会大大增加开发商的资金压力），竞返还经济适用房体量指标（不是每个地块都会建设经济适用房，但是部分地块会竞争这个指标，通常是在价格达到封顶限制价格之后，再竞争经济适用房的建设指标，哪家房企报的承诺修建的经济适用房数量更多，就取得该地块。一方面是为了避免地价不断推高，导致房价过度上涨；另一方面，也是为了保证保障性住房的供应，将一部分压力通过土地拍卖的方式，转嫁给开发商），在土地出让端采取封顶价格，在房屋销售端进行限价，上下进出两端的空间都被控制和压缩后，开发商将很难赚取土地溢价的利润。项目静态测算，"面粉比面包贵"将会成为常态。

未来的地产开发企业挣钱，将很难用时间换空间（近些年地价越来越高，拿地成本占房价的比例也越来越高，甚至出现了土地拍卖的价格高于当时房子价格的现象，那么许多开发商拿地后要想赚钱，就不能急于开发，而是囤地慢慢开发、惜售，通过缓慢开发这一策略拖时间、熬年限，等几年后房价上涨，再卖出高价，这样才能赚钱。这就叫用时间换空间），更多的是赚精细化管理的钱，赚运作的工钱，赚开发专业给市场的"打工钱"，而非手握土地资源的暴利，也非时空腾挪城市红利的增值。高周转的时代，必将驶往终点，未来一定是赚慢钱。有多大的能力、多大的资本，去做多大的事，而且是做匠人做的事。

大市场将从开发时代进入运营时代

从城市层面来说，城市不可能无限制地发展新区，城市扩容会逐步转为存量市场的再开发（即通常所说的城市更新，对旧城，对存量物业二次开发，或者翻新开发建设），而且当前空置率已经非常严重。未来不仅仅是要去拿地盖房子，更需要往资产里面装内容，盘活资产价值，持续、长久地运营、经营资产。大市场将从开发时代进入运营时代。

从老百姓或者说需求层面分析，中国城市化率已经逼近60%，而国际上发达国家标准化城市化率大约在70%。城市化快速发展的红利增速动力已经放缓，看身边的中产（这里所说的中产，通常指高学历、高素质，年龄在25~45岁之间，年收入达到50万以上，拥有100万以上的富余资产，包括自住以外的房产、现金、金融资产等），大多都拥有一套刚需房产，甚至有的还拥有几套房产，假若房产税进一步开征，那么他们购房的需求将会被大幅抑制。

老百姓不再需要仅仅具有居住功能的住房，更不会把炒房作为主要的投资，而是聚焦于更加精彩、更加丰富多元的生活方式。所以机会在于消费升级，在于创新内容，实现各种新兴场景和消费模式的迭代升级，资产和创新内容的结合将是机会和趋势。

痛点，就意味着机会

放眼城市，各个地方空置率居高不下，空城四处皆有，特别是商办类物业、商铺、公寓、写字楼的存量触目惊心，成为城市、开发商以及小区业主的痛点和难点。这既是一个行业性的问题，也是一个社会性的问题。

这一切，既是痛点，也是机会。痛点亟待得到系统性的解决，而解决这一切，则需要专业的团队，需要改变我们在房地产打造思维上的顺序，甚至说经济模型也要根据开发、打造模式进行调整。

这一切，需要顶层思考，需要既通晓开发逻辑又通晓商业经营逻辑的专业团队的运作，而这——就是我们的机会。

三圈交集——志趣、优势和意义

从自身出发，我需要找到三圈交集——志趣、优势和意义。

说到志趣，我特别喜欢多样化的商业模式，特别喜欢逛街，喜欢探店——有品质、有格调的店，喜欢和经营这些店面的各类有故事、有情怀的主理人、店家交流。我曾到韩国首尔、日本东京、新加坡考察，可以从早逛到晚，看各类商业门店的布置,拍照学习、研究各个业态商家的经营逻辑,所以,商业是我的兴趣所在。

优势方面,多年的房地产从业经验,让我更懂得开发商想要什么,知晓他们的痛点、难点以及思维模式。跟商家朋友们打交道,以及在接触商家、学习商业、管理商业的过程中,我逐步了解和掌握了各行各业的商业经营规律,所以也想投资餐饮、酒店等业态,逐步形成经营思维和开发思维的兼容并蓄。

多年接触市场,从事营销管理,我对于投资商、老百姓想要什么很熟悉,也很了解。无论怎么跨界,其实都不用丢失自己已经拥有的多年积淀的东西,如盈利经验、资源、人脉、思维模式的透彻度等,这是我的优势。

意义方面,可以从三个方面来说。从行业意义来说,解决后房地产时代的痛点、难点,去库存,盘活各类资产,通过长效经营,让资产价值得以提升,为行业的持续健康发展助力;从民生意义来说,让城市商业更美好,让老百姓的生活和消费体验更丰富;对自己来说,投身于商业地产,投资经营商业业态内容,可以接触到更多的经营类、投资类资源,认识有新奇想法并想成就一番事业的朋友。

所以经过思考,我坚定地选择了商业地产这个赛道,包含商业的资产交易、资产运营、内容投资、内容经营,等等。

"新商代"作为新公司的名字,由此而生。

03 遭遇的致命孤独，终会成就一个更好的你

理想是丰满的，现实却是骨感的。

从迷茫中寻找出路，从绝望中寻找希望

刚辞职创业的前几个月，公司拿不到好的项目连续亏损。没有品牌，缺乏资源，盈利模式不清晰，团队经验更谈不上，无论是业务经验还是待人处事。此前，我关于志趣、优势、意义的思考，是停留在预设和思想层面，但当自己真正着手创业，向着这个方向前进的时候，却遇到了若干问题，即使之前有再多的商业运营管理经验，也无济于事。从 0 到 1，这些是绕不开的坑。

每一天，我都疲惫不堪，一边要从迷茫中寻找出路和希望，一边还得给自己打鸡血，告诉自己不能放弃。嘴上这么说着，心里却逐渐对创业这件事产生怀疑——自己是否只适合职场，甚至于对自己的性格、为人处世能力，以及建立系统的能力和生意逻辑，都产生了怀疑。

怀疑会导致意志不坚定，但我已斩断退路，唯一的办法就

是告诉自己，要坚持，要振作！

这就像急救时注射肾上腺素，短期会提振一丝力量，但如果不从根本上解决问题、改变局面，时间长了身体会更加透支和疲惫。

但是这一切，我不能在团队面前表露出来，因为领头人的状态是会传染给团队的，所以我需要对内"作战"，一是自己的内心，二是公司团队，我要不断调整心态和状态，给自己打完鸡血后，还要给团队注入信心。

创业的第一步是活下去

为了快速缓解压力，增强团队的信心和凝聚力，我只能去争取一些合作条件一般的项目来合作。但是这样导致的结果是，团队依然会有不满，信心也不足：他们会觉得公司拿不到好项目，而项目不好销售，就挣不了钱。所以，团队员工努力一阵子，尽职了，然后就得过且过。这样的状态持续下去，他们极易心灰意冷，逐步对领头人产生怀疑。你会从"神坛"上走下来，光环也会消失。

连续数月，情况越来越恶劣，初创团队开始出现动荡。有责任心的老同事和招聘来的许多优秀新员工都纷纷提出离职，谁也不想当公司的包袱，只拿工资，不创造价值，不产生业绩和营收。没有责任心的，反倒心安理得地待在公司磨洋工、混日子，做一天和尚撞一天钟，同时骑驴找马，寻找工资更高、机会更好的出路，一旦找到，转身说拜拜。

开车时，特别是行驶在长江大桥上，我会产生错觉，希望车开得慢一点，甚至永远都不要到目的地，因为在这样一个封闭空间里，在色彩斑斓的城市背景下，一切都变得虚幻起来。而我在虚幻里可以暂时逃离现实，逃离痛苦和无助，安静地和自己相处，不用面对苦难和挫折。这种以开车为借口的安静的偷懒时光，于我是最贵的奢侈品。

在那段艰难的日子，我一度怀疑自己患上了轻度抑郁症，但又没有勇气去看心理医生，假如真的确诊了，自己会觉得"哦，我真的生病了"；倘若发现只是自己的错觉，那岂不是证明自己过于敏感和脆弱，甚至希望用得病来逃避困难。

创始人时常是孤独的

局面打不开时，我会不由自主地从外界找原因，觉得团队成员思想单纯，没有办法 Hold（留下、拿捏）住甲方、客户，缺乏换位思考的能力和情商，没有策略性的深度思考和设计。

但是反过来，团队也会把原因归结于领头人，这种上下层缺乏换位思考的思维模式，在现实中就演变成了一种无情和冷漠：没有兴趣和意愿去理解对方的不易和困境。

有时候我会思考这样一个问题：团队到底是单纯一些好还是复杂一些好。希望团队单纯一些，这样便于管理，但是单纯的思维模式在错综复杂的无情的市场面前，在像狼一样的竞争对手面前，又是那么不堪一击；反之团队如果思想复杂，想得多、想得深，我自己又驾驭不了。

创始人时常是孤独的。这份孤独就在于无论多苦多难，你都不能倾吐，也无法倾吐，而且倾吐了也无济于事，只有改变现状才是唯一的出路。如果不能改变现状，公司不能良性发展，员工不能挣钱，没有发展前途，一切都是空谈。

你若是不自责，那就是狼心狗肺；你若是自责，那会更加打击自信心。关键是自责也没用。这份孤独在于，你置身于矛盾的中心。对外，你要成为企业最大的业务员，给客户信心，把钱交给你，把业务机会给你，打肿脸充胖子也好，雷雨天对天赌誓也好，总之要给对方信心，你才有机会。你还不能承认团队是初生牛犊，经验不够，自毁城墙。对内，你还得一边培养员工的能力，一边鼓励他们，给他们信心。

对于客户的不满，我们还要策略性地消化、释放，否则团队会成为蔫儿吧唧的霉冬瓜，失去信心，进一步失去战斗力，形成恶性循环，或者抱怨是项目本身有问题，不会去审视、反思自己。

客户的问题，团队可以背后抱怨，但创始人不能，因为客户是上帝，团队得罪客户后可以拍拍屁股走人，但创始人不敢也不能任性。对于员工，创始人也得呵护着，但又不能把团队惯坏了，否则，企业在市场上最终也会失去竞争力。

创始人必须得是铁打的

所以，创始人必须得是铁打的，心理素质、耐受力、抗压力要极强。重压到了极致，洗把脸、冲个头，喝顿酒，睡个觉，

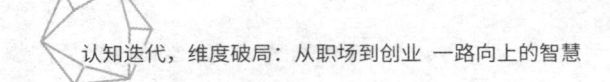

吼几首歌，又是一条好汉！

创业者必须成为最好的学习者，善于从失败中吸取教训，不会什么就补什么。

创业，就是创立一个体系，一切从零做起、从零学起。无论你之前有多么丰富的职场和社会经验，到了创业这一环，许多东西都变了。当脱离体系，变量变化导致逻辑改变，原有的经营管理哲学将不再适用。

而且创立企业、管理企业需要的知识面极广，不再是在职场上"一招鲜吃遍天"的生存逻辑。作为打工者，你只要有一定特长，具备某方面的不可替代性，老板就会赏识你。可是当你成为老板，创立一家企业，你的所有长板、短板都会展现给市场和客户。每一个短板都有可能是致命的：营销、商业逻辑、财务、资金、人才、沟通、资源整合、股权、资本、法律……样样都得懂，至少得抓得住要点，知道每一个环节从哪里寻找答案和支持，并且善于解决问题。

创业者不能拘泥于职责、职务、职位这一说法，无论公司哪里出现问题，都是你的问题，需要你躬身入局，全力以赴。

唯有活下来，才配有运气

不知道多少个深夜12点，我还坐在办公室等应酬完的甲方——和甲方约好了晚上谈项目合作，临了对方却推说在外面应酬，让等他吃完了再过来见面。因为竞争激烈，我只能等，希望项目早点落地，拿到结果，一旦错过与他们的见面，谈不好项目合作，很可能就被其他竞争者捷足先登，那样的话对团队又是一次打击。所以每一次机会，我都要全力以赴。

对于创业的人来说，丛林法则里没有"宽容"二字，市场不相信眼泪，只相信结果和能力。祈求上天和救世主都没有什么用，唯有活下来，才配有运气。

最后，还有一种孤独，叫"无情的孤独"。因为市场对你无情，当你读懂这一切，逐渐开始对自己无情。只有目标，没有退让；只有结果，没有迟疑。这种无情，还不能直接对外、对下——否则就没有人陪你玩了。你得做一个有情有义、有血有肉的人，从无情中找到真情：爱客户，爱员工，是发自内心的爱和包容。

以上两点看似矛盾，融会贯通难度极高，但是必须学会，融入血液和习惯，融入底层思想里，这样才有一丝成功的机会。

遭遇的致命孤独，终将成就一个更好的你。天若有情天亦老，人间正道是沧桑！

04 在绝望中寻找希望，
一切只为活下去

据统计，95% 的初创企业，会在创业头两年死掉。

解开"死亡魔咒"

这个魔咒似乎也落到我的身上。创业头两年，因为没有品牌，只有逻辑判断和方向，缺乏清晰的商业模式和经商经验，单凭职场上遗留下来的盲目自信和一身孤勇，市场一直打不开。

我们很迷茫，四处寻求机会和项目，因为我们压根儿就没有太多选择，也不会选择，任何合作模式都不拒绝，任何机会都积极接洽。但我们不会算账，无论是时间账还是经济账，当时根本不懂：哪怕再难，都应该坚持做选择。

公司连续亏损，我看着财务报表焦虑不堪，决定想方设法寻找现金流，一切只为活下来。

当时遇到两个项目，都位于大学城。一个项目的开发商资金链极其紧张，因为结算不出佣金，没有任何人敢跟他们合作。但是为了生存，我决定接下来，跟开发商谈定条件，通过市场收取直佣的方式赌一赌运气。在这种前提下，开发商的条件相对比较好谈。

另一个项目距离这个项目很近，商业街滞销很久，且大量空置。团队评估后觉得有操作可能性，我们决定放手一搏。两个项目签下来后，项目有了一点起色，艰难地卖出了几套，但是依然敷不平公司的运营成本，继续亏损了三四个月。这样导致员工自信心进一步受挫，团队无心工作，怀疑公司，工作自然无法推进。我自己也手忙脚乱，严重焦虑，开始自我否定。

没有选择的权利，有活儿就干

当你什么都不具备的时候，你就没有选择的权利，有活儿就干，什么活儿都是机会。

在走投无路的时候，总算通过朋友的介绍认识了一位小开发商，他手上有一个大约2万平方米的商业地块需要做前期研策，策划费20多万元，对于当时的我来说，这笔钱就是救命钱。

我们和开发商一起到香港、上海等地考察，并且很用心地完成了策划定位报告，将定位、业态、类型分析得清清楚楚，开发商很满意。

因为这个机缘，我跟这位小开发商老板成了朋友。他还有另一个住宅项目，因为位于工业园区，销售滞缓，所以对于当时销售团队的销售情况，他并不满意。国庆节和这位老板吃饭的时候，他提出合作这个项目，问我愿不愿意。这可是我的老本行，看家本领还在，只要有血液流进公司，我自然来者不拒。

上盘后，团队精准地分析客户来源渠道：项目位于工业园区，园区有几家大厂，这些厂的员工自然是适合购买项目的客户。所以团队联系厂里的高层，疏通关系，每天中午利用午餐时间，去厂里食堂摆展，为工厂员工进行项目介绍。这些动作取得了一定效果，项目销量越来越好。恰逢这个时候，市场开始转暖，房价不断上涨，而房价上涨进一步激活了销量。靠着这个项目，我们获得了短暂的现金流，可以继续维持公司运作几个月。

关上一扇门，留下一扇窗——创意深沟通

市场带来的机会有时也是把双刃剑。翻年之后，开发商看到市场大幅回暖，把我们的工作成果归结于外因，觉得我们赚多了，于是提出停止合作，自己组织团队干。于是公司的现金流又断了。

刚停止合作，团队骨干告诉我，在这个项目不远处有一条商业街，卖得不好。因为两个项目距离很近，他认识那家开发商的销售经理，我们可以去聊聊。

这条商业街位于滨江内陆，规划的建筑规模倒是不小，但是入住率很低，而且大量的商铺都有高差。为了解决高差，道路两旁、商铺门口修建了一条大约一米高的过道，过道边缘立着不锈钢栏杆，几乎把人流动线阻隔，不便通过。

通过拜访，我找到了开发商的高层，对方对这条街也正头疼，听说我们公司专注于商业的运营和销售，很感兴趣。但是有一个条件，要求我们按照一个商铺2万元的标准打保证金。

经过仔细分析，我们觉得有机会。这个项目是一个孤盘，旁边工业园没有配建商业，那么园区的办公人群和这个小区的未来住户，都只能在这条商业街消费。而且我们看到已开业的几家餐馆的生意，每到吃饭时间几乎坐满，所以这条商业街是具备内生消费逻辑的。

我们决定搏一把，承诺了10套的销售任务，并支付保证金。

第一个月，一套也没有卖出去。进入售楼部的客户，一旦到商业街现场，都会对这个高差嗤之以鼻，转身就走。团队成员的信心再次受到打击。

我们连续几晚开会，商讨调整方案。大家觉得问题出在没有第一时间打消客户疑虑，传递项目清晰的价值——这个项目的价值，也就是之前我们分析的机会，是需要深入沟通说明的。

最后，团队决定不在售楼部接待，而是将自己的车停在商业街旁，直接在街边接待客户。当客户来到项目上，第一时间就跟客户说明项目的不利因素，让客户觉得我们实诚，使客户情绪平和下来。紧接着，告知客户项目的内生消费逻辑，让他们看商家的开业状态，而且高差的道路平台，正好可以用于商铺的外摆，形成产品附加值。

就这样，通过在商业街上营销的方式，我们两个月就把10套商铺售出，赢得了这家开发商的信任和赞赏。

不断折腾，不断续命，跌跌撞撞活下来

基于这次合作建立的信任，开发商拿出北区一个大盘的底

221

商街区跟我们再度合作。通过重新定位，招商促活，我们把这条商业街卖得很好，而且引入的商家经营得都不错。这个项目成为后续一两年公司的主要现金流和利润来源之一。

我们就这样靠着不断折腾、不断续命，跌跌撞撞地活了过来。

前两年，都是在这样的循环往复、生死轮回中，尽力让公司浮在水面上吸气，下沉后再浮上来吸气，才最终没被淹死。

起起落落，盈亏计算，得了正数，总算是挣了一些小钱。

第二波至暗时刻：如何分钱，如何鼓舞士气

这时我们遇到了第二波至暗时刻。

问题出在两方面：一是挣到钱了，分钱没分好，团队对老板的为人产生了不满。许多公司都是如此，艰难的时候，骨干容易激发出凝聚力，但一旦赚了钱，就开始出现矛盾。这就是人性，也是商业市场必须解决的关键问题。规矩得提前说好，还得公平合理。创始人必须学会沟通，懂得衡量，做到公平，更准确地说是得平衡利益和心态。

但是这种平衡一开始往往拿捏不准，包括我自己的心态也是失衡的。当经历过至暗时刻，我会害怕，也会极度渴求利润，把它看作命根子，所以在需要分润和平衡各方时，很难做到收放自如。

因为无法清晰地判断每个人到底发挥了多大价值，以及最终会有怎样的经济收益，前期的沟通很困难。没有可借鉴的模

型，没有平衡各方的经验，更谈不上沟通的方法和智慧，团队中的矛盾越来越尖锐。团队成员不会理解那么多，更不会站在企业管理的高度和维度，认识创业和创业者的成长规律，所以一切错误，创始人必须照单全收。

另一个问题是，公司创立时间久了，对于这样跌宕起伏的运营模式和体验，团队产生了厌倦和怀疑。一开始可以，但经历了两年依然这样，员工势必会怀疑公司的运营模式出了问题，对未来产生不确定感，毕竟谁也不想，更不敢浪费太多时间。

团队再次爆发离职潮，只剩下少数最坚定、最忠诚的核心骨干。这些人就真的是因为相信你的人品，选择与你共同搏杀出一条血路的铁兄弟了。

先挣钱，后沉淀、梳理、总结

后来，公司发展模式问题逐步解决，这归功于市场大幅上扬，我们的项目逐渐多了起来，资金更加充足，赚钱变得容易了。所以很有趣的是，在真实的商业世界里摸爬滚打，居然是先挣钱，后沉淀、梳理、总结。这需要极大努力，也需要一点运气，似乎有些讽刺，但这就是现实。

资金充足一些之后，我们开始沉淀产品品牌，研发了"依邻依里"社区商业中心，将街区商业品牌化，并与部分社区型商家达成战略合作。在我们服务的多个商街，这几家合作的超市、便利店、大型中餐都集中进驻，形成了我们的品牌矩阵。

新商代也开始涉足商业管理。第三年，我们跟一家大型国企合作，拿到了他们位于一个区县新区中心的总体量约5万平方米的销售型购物中心的运营权。购物中心的商铺被大量销售给小业主，然后通过售后托管的模式，由开发商收回整体招商运营，因为开发商没有专业的运营团队，所以准备与我公司合作。

很快，我们引进了健身房、电影院等主力店，并将四楼的半层引入了一家餐饮集团，其旗下有20多个商业品牌，囊括江湖菜、小龙虾、日料、韩国烤肉等多个品种。这家餐饮集团计划投入重资，将这半层楼打造成一个航母级的餐饮品牌集合店。当然，开发商也承诺给予部分装修补助，只为了将项目运作得更成功。

决不放弃——这是我的底线和原则

不幸的是，意外再次发生。该餐饮集团进场装修之后，在调试天然气管道时，因装修工人的错误操作而引发天然气爆炸。爆炸的冲击波咆哮嘶吼，汹涌而出，击碎了购物中心外墙玻璃，将天花板震得粉碎。

项目全面停工整改，就责任和赔偿问题，双方无法达成一致，开发商和这家餐饮集团打起了官司。项目停摆，我们也因此暂停了这个项目的运营合作。

如果你是创业者，创业过程中将会面临的情况是每天醒来，听到的大部分消息是坏消息，而且会持续听到。好消息相对较少，即使有，你也会很快平静下来，转而把注意力投向新的、未知的困难。

这就是真实世界的模样，原因大概有两方面：一是要想成事，本身就是一个创造和突破的过程，自然充满阻力和艰辛；二是出于人性的感知度，我们天生对于坏事感受更深刻，而对好事的喜悦持久度会很短，这种人性的本能倒逼人类充满危机感，不断迭代成长。

频频袭来的坏消息，总会让人有极大的挫折感，让人气馁、焦虑甚至怀疑自己，然后开始反思。

这个时候，支撑创业者或者领路人坚持走下去的，唯有信念。而我的信念就是四个字——决不放弃。每当遭受挫败，甚至山穷水尽时，我都告诉自己决不放弃，这是我的底线和原则。

企业的领路人，最重要的品质是信念坚定

这样的信念让我一次又一次渡过难关。在最艰辛的时刻，靠着信念的支持，给自己打气，不允许自己放弃，持续地努力，不停地想办法，并且不断地寻求突破。在这样的过程中，我默默勉励自己：乐观，再乐观；积极，再积极。睡一觉，第二天继续上路。

一次一次地克服困难，最坏的结果是跌到谷底，只要不躺平，接下来就一定会反弹——总会有好消息，哪怕是一丝，也是极大的喜悦，就像咖啡里的糖，足以提振信心。

这样的跌宕起伏多了之后，你就懂得了规律。心态磨平了，也就生出了智慧。对于未来和自己，就会生出一种"相信自己

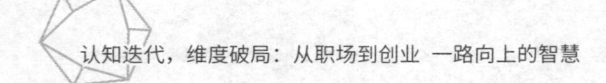

可以"的力量。

为什么唐僧可以带领三个徒弟去取经？因为他是团队里信念最强的那个人。一个企业的领路人，最重要的品质就是信念坚定。

当我们理解了这些，就可以从容应对世事无常。风雨过后回头看，那些我们所经历的挫折，往往成就了更坚强、更自信、更从容理性的我们。

人生没有白走的路，每一步都算数。

05 人对了，账算清楚了，企业才有发展的基础

从全国地产 TOP30 之一的 KK 集团出来，我自认身居管理层多年，甚至后期管理几个体系，手下的员工可达成千上万，在人力资源方面也算半个专家，无论是激发人才自驱力，还是"选用育留"、沟通考核等，都窥得其中门道，道、术、器用得也算是到了一定境界。

而且，我还有一种感觉，就是大部分的人事工作，其实是我在主导，包括核心层和业务能手的招聘、培训、任用、日常沟通、激励等。所以我一度认为人力资源部门作用不大，做的都是一些基础性工作，并无太多核心思路和顶层智慧。此外，我还觉得建立人力资源和组织系统，主要依靠创始人和各个分管领导，而非人力资源部。

企业最大的成本是使用不经培训的员工

我在创业之初，一方面是因为曾经的认知总结，另一方面也是为了节省后台成本，故而没有搭建专业的人力资源部门，而是将人事、运营、财务等工作都放在综合部，类似"总经办

一肩挑"的模式。

但是一家已有成熟体系,从1到10乘着风飞速扩张的大企业,与白手起家还在摸索商业模式、处于从0到1阶段的初创企业相比,两者的管理逻辑完全不同。我曾经的自信和能力,也更多的是建立在相对成熟体系的基础上,有企业品牌和时代趋势助力护航,人才招聘和管理都变得相对容易。相反,一切归零、从无到有,要去创建一个新的体系,处处荆棘、步步难行。

创业之初,因为没有专业的人力资源部,公司在员工招聘上就出现了问题:没有成熟、标准的招聘渠道和专业的面试流程,这种招聘实际跟家庭自主招保姆差不多,人既难招,也招不到好的。而且员工招聘进来后,没有系统的培训流程,甚至连基础培训要求都没有,就直接匆匆上马,后期会出现极大问题。企业最大的成本就是使用不经培训的员工。

再说员工心态的问题。因为公司在创始期的时候,更注重的是保命、活下来,所以我们大部分的精力和注意力都扑在了业务上。业务开拓本就困难,人员心态的影响不容忽视,而没有人力资源部打配合、敲边鼓,就无法充当员工和企业间的信息枢纽,提供一些重要信息鼓舞士气,增加凝聚力。这就要求创始人面面俱到、处处周全,这谈何容易!因此我常常是顾此失彼,甚至员工直接呈现放羊状态,由此导致员工之间负能量滋长,又彼此影响,员工流动频繁,大量离职。离职在某种意义上还算好的,最要命的是那些不离职,但是不断传递负能量、消极怠工混工资的人，简直就像癌细胞不断扩散的肿瘤，偏偏一时半刻还摘除不了。

既没有招聘体系、培训体系，也缺乏沟通环节，考核评价体系自然就不存在。所谓的临时考核，也难以真正发挥作用。

设置人力资源部双保险

公司创立两年之后，我痛定思痛，决心搭建专业的人力资源部。企业哪怕小，也必须设置人力资源部这样的专业职能部门。

为此，我专门委托猎头，一次性引进了两名人力资源管理人才，一名主管，一名经理，一男一女，进行双保险搭配。一方面观察谁更合适，若两人都合适，就保留经理和主管的职位设置。若只有一人合适则淘汰另一人，避免因人力资源负责人更换对公司产生比较大的影响，保证人力资源部制订的制度、流程有一定的延续性。另一方面，若两人都留用的情况下，可以形成优势互补、智力互补，避免人力成本的浪费。不同的人力资源从业者，对于人力资源专业的理解和运用的方法是不同的，所以我希望有一定的多元性来萃取、提炼，而不是把一个体系的建立寄托在某一个人的身上。

人力资源和财务管理是企业的两大核心引擎

我开始重视人力资源管理，并进行改革。这样的机构改革起到了一定作用，公司的招聘通道一下子打开了，面试环节更加规范,用工风险、社保等都更加规范化。人力资源部开始牵头组织系统化的培训,制订公司的人才梯队、晋升通道、薪酬带宽等,并且组织各类文化活动,让公司的企业文化流动起来,整个公司开始运行得顺畅且规范。人对了,事就对了。

对企业来说,人力资源和财务管理,就像飞机翅膀上的两大核心引擎,左边是人,右边是钱,两者都是企业的命根子。人对了,账算清楚了,企业才有发展的基础。

但是很多企业,包括我自己都曾经犯过这样的低级错误,把核心引擎之一的人力资源部门当陪衬、当摆设,以为是后台支持性部门,就可以靠后,甚至摆都不想摆,什么事都想自己来,结果吃了大亏,得不偿失。而所谓的后台,只是面对市场时的在后,绝非重要性上在后。

这就是我们在创业时因为自大和轻狂踩的大坑,用损失惨重换来的血淋淋的教训。

06 吃透甲方思维，做对乙方定位

甲方和乙方，处于两个完全不同的世界，拥有完全不同的生存逻辑：制订游戏规则的是甲方，在游戏框架里闯关的是乙方。甲方用权力赚钱，用能力升迁；而乙方只能用价值赚钱，而且只有价值还不够，倘若不会处理关系，业务也无人问津。

甲方思维，乙方立场，如何破局

甲方犯下致命错误，没有逃生机会，只能离开企业；乙方犯致命错误，没有挽回机会，将直接丢失业务，甚至整条业务线，并很难重新捡起来。明辨和资源管理是甲方的必备技术，沟通和预期管控则是乙方的必备技术。

我的甲方思维太强，当然有一定好处，那就是理解甲方是怎么想的。但这也可能成为最大的羁绊，我会怀疑自己这样思考和判断的逻辑原点是否太依赖惯性，是否太以甲方为中心。

对于乙方应该怎样做，这个度很难拿捏，既要有乒乓球的弹性，又要有钢珠的稳定性和坚韧。若是过于柔软，会失去原则；若太过于刚烈，又会易折，不惹人喜爱。乙方需刚柔并济：既会做人，又会做事；既有气度，又有底线；既有客户思维，又有专业操守。

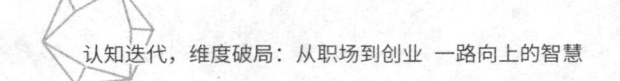

我花了很多时间来琢磨和总结乙方应该怎么做，并写了一首《乙方》的短诗：

乙方对于双边关系要有更多的武器储备，会笑、会哭、会拍、会怼、会叫、会闹、会灵光、会装傻。

当拥抱真实，我们才能触底反弹

不当甲方高管了，就没有那么多人来巴结你、追捧你，也让你看清了更多人的嘴脸，分辨出哪些是更可贵的朋友。当然这才是真实，真实的自己，真实的状态，真实的世界，真实的社会认知。当我们拥抱真实，才能触底反弹，才能更加从容淡定。独立思考，坚持道义，既不谄媚强权，也不趾高气扬，力量会由内而外地生发出来，拥有阳光、自信、勇敢的独立人格。作为过来人，我们要知道走这条路并不容易，只有在每一次经历波折后，才能坚定信念，越挫越勇。

曾经遇到一个甲方，总经理是老板的侄子，公司不算太大，但自己觉得公司挺大，官威极盛。这位兄台在该向我们付款的时候，找尽理由拖延，或是挤牙膏似的象征性付一点。一般这样做的企业，也做不大，因为不诚信，内部沾亲带故，多是溜须拍马之辈。我们多次沟通协商后依然无果，他们的所作所为甚至让对方的执行层工作人员都觉得不合理。款项拖了一年多，最后我上门去找他，他竟然堂而皇之地反问我："哪个公司不拖款，你之前的老东家难道不拖款？"我也没给他好口气，心想：

你们不付款,还这么嚣张,假如你们公司够大,业务够多,哪怕付款慢一点,我也忍了。可是,你家公司就这一个项目,做完这个项目后不会有后续的业务,那么我为什么要这么忍气吞声呢?对我没有好处啊!

闹到最后,双方差点在办公室动起手来,两人都被各自团队劝解住,这才没打起来。经过这一闹腾,对方几天后就把款项付清了。对于这样不诚信也没有基本尊重的甲方,我的态度是——永不合作。

把乙方做出尊严感

从房企高管到下海创业,前两三年我都在"找感觉",学习怎样从甲方变成乙方。最难的是"学会低头"和"学会开口"。从俯视到仰视,从仰视到平视,这是一个渐进的修炼过程。曾经都是别人求你,当然曾经的我拥有俯视别人的资格,但是我始终选择平视,平等地对待每一个人,这是我做人做事的基本准则。

我始终觉得人人都是平等的,没有高低贵贱,人格上彼此都应尊重对方。当你成为乙方后,总会遇到一些喜欢俯视别人的甲方。他们花了很大的力气上位,有了权力,十分享受那种掌握权力和被吹捧环绕的感觉。如果身为乙方的你,不那么顺着他,就会激起他们弄权的掌控感和优越感——撇下你,选择那个更会献媚的乙方组合在他的资源库里。

从仰视到平视的转变,就是把乙方做出尊严感,让甲方发

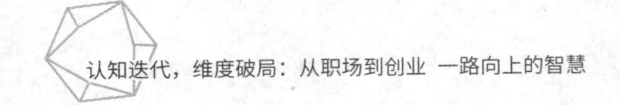

自内心地喜欢你和尊重你。在合作过程中，体现出你的价值，给别人温暖而非献媚，与甲方成为真正的伙伴和朋友。

学会开口，就是懂得开口拒绝，懂得开口谈条件，懂得策略性迂回，懂得说话的"艺术性赞美"且不失尊严，懂得开口谈钱、要钱。

职场上，最值钱的是信用和规矩，最不值钱的是自己所谓的面子。前行路上，最珍贵的是信仰和勤奋，最无用的是自己内心的杂音。时间久了，你会发现：有时候，相比阿谀套路，那些赤裸裸地谈利益和生意的商人更显可爱，简单直接，目的明确。

真正的勇敢与豁达，是洞悉人性而不玩弄人心，不以势压人。无论是对人还是对事，只有选择勇于直面一切，才会找到突破口。

在企业生死问题前，做人做事要冲着更本质方面去

有一天，我被问及怎么看待别人对自己的评价，"曾经职场太顺了，创业时风风雨雨不适应，脾气不太好"。

我这样回答："职场上只要会做人就能活下去，往上混还得靠业绩；而创业，必须先靠结果才能活下来，活得好，再拼做人、谋发展。所以从生存的重要性来说，创业对结果的要求更直接，和颜悦色是面子问题，经营结果是生死问题。在生死问题前，做人做事要冲着更本质、更简单、更直接的方面去。涵养尊重是基础，要尊重对方的人格。脾气大，是基于对结果和

规则的坚守,而非对人格的侮辱。倘若因为顾及颜面,丢掉了本质追求,才是对企业最大的伤害,等同于自寻死路。你只想着做好好先生,拿不到结果,就是对更多的人,包括同事、伙伴、家人、自己以及企业本身不负责。所以对于找借口拿不到结果的员工,以及找理由不付钱的甲方,没必要假惺惺地客气,一顿臭骂,也是渡人。"

07 打通上限和下限，重新定义价值

企业的本质是创造价值，而资产价值的估值公式，是未来资产总收益之和的折现值。

$$PV = \frac{C}{(1+r)^t}$$

[PV = 现值（Present Value），C= 未来总收益，r= 折现率，t= 投资期数]

无论是企业类资产，还是不动产资产，皆可参照此公式。

如果资产长期空置，没有经营内容，收不到租金，那么资产就是负资产，实现不了收益。所以要让资产拥有价值，甚至增值，我们必须确保并增加资产未来的收益。

通俗地说，就是把不动产进行物理盘活，通过注入经营主体，让资产实现租金回报，并通过业态组合和良好的运营管理，实现资产收益的稳定，并持续增加租金收益。这样的资产，就能很好地评估其价值，就有资本愿意投资。

交通不便的商业街，从餐饮破局

前面篇幅大多讲的是跌宕起伏的故事，许多血与泪的教训听起来很惨，这里也讲讲几个鼓舞人心的成功案例——在创业逐渐步入正轨之后，遵循价值原理，我们盘活的若干个资产。

重庆的全城以及两江四岸都有滨江路，坐拥绝美江景，一条条道路像玉带一样环绕着城市的连绵山脊。沙滨路其中一段名为"牛滴路"，不同于其他滨江路段，这条路全程都是高架桥，道路与旁边的建筑不完全连接，中间有部分节点能从道路通达建筑。

我们接下了牛滴路旁的一条商业街。因为交通问题，这条商业街全部空置，资产闲置了两三年。商业街门口有一个大停车场，商业街设立有烟道，全部是一拖二的跃层商铺。看了物业条件，我们觉得也许可以从餐饮破局。重庆每条滨江路，都有一段生意火爆的江湖好吃街，为什么不试一试？

普通商家不敢第一个吃螃蟹，即使来了也没用，引不来客流，生意做不下去。团队经过四方搜寻，联系到沙坪坝区大众点评排名靠前的江湖火锅——二火锅。二火锅老店位于土湾车站的一个坡上，偏僻不临街，店面开在老巷子里，市井气息浓郁，属于老重庆的烟火味。酒香不怕巷子深，因为味道有特色，生意火爆。跟老板沟通后，发现他们也有拓新店的想法。经过带看、沟通、商谈，老板决定把新店开在我们沙滨路项目上。他们不担心客流，不担心知名度，只要有形象更好的新店，就敢开业。

二火锅进驻后，效果显著，拉动了整条街区的餐饮，小龙虾、江湖菜以及茶楼等商家接踵而来，很快这条街就被烟火气

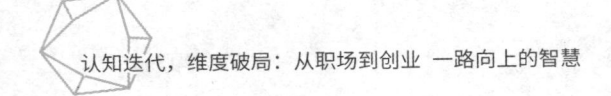

填满了。

商业,既有宽敞明亮、装修豪华的购物中心,满足西装革履、帅哥靓妹的价值展现需求,也有烟火缭绕、市井鲜活的生活街区,迎接欢腾喧闹的饮食男女。这条街区的商业面貌是丰富的。

内向型社区商业,打造邻里中心模式

第二个案例,是 WK 的金色悦城项目,位于凤中路的 3 万平方米纯商业五期地块,规划类似于 SOHO,临街三层围合式街区,街区顶部(临街是一楼,中间有主要的开放式阶梯,通往修建在三楼的内街,临街的三楼相当于内街的一楼)修建几栋公寓。整个项目属于完全的内向型社区商业,只能辐射周边两三公里的人群。

因为完全的商业属性,公寓当时没有交房入住,街区商业总体量大,最大的难点是有着宽阔的内街,而内街是不易引入人流的。

我们将它定位为邻里消费中心,并打造"依邻依里"邻里中心模式,从主力店开始破局,率先引入了永辉 MINI 超市和谊品生鲜。永辉是中国知名超市,也是 A 股上市公司,而谊品生鲜是一家知名连锁生鲜超市,专门服务社区。另外,我们还引入了大型连锁江湖菜"徐鼎盛"。

最难处理的内街,需要吸客力强的商家作为引流引擎。经过努力,我们与"乡村基"和"怒火八零"等网红串串品牌达成合作。"乡村基"于2010年成功登陆纽交所，被誉为"中式快餐第一股""中国肯德基"。未来小区楼上的公寓将入驻大量的年轻人，公寓内开业的酒店也将带来大量移动人口，这些人都拥有快餐消费的需求。

后来这个项目生意火热，形象亦得到极大提升。2020年，WK金色悦城"依邻依里"社区商业中心通过了中国社区商业委员会考察，荣膺西南地区首个"全国社区商业服务示范街区"称号。授牌仪式于2020年8月21日在项目现场成功举行，中国社区商业工作委员会主任董利先生、中国步行商业街工作委员会主任韩健徽先生到场授牌。

以"避暑度假"为突破口，操盘偏远低品质项目

我们还收购了一个旅游地产资产，位于石柱土家族自治县千野草场旁边，三栋单体楼。当地多个开发项目都是"小产权房"，虽然国家多次禁止"小产权房"，并于2013年专门发布《关于坚决遏制违法建设、销售"小产权房"的紧急通知》，但在一些偏远市场，"小产权房"依然屡见不鲜。

这个项目是当地镇上唯一拥有合法产权的项目，但是开发的品质一般，放置几年，墙体出现"脱皮"。加之销售团队不专业，原开发商开发完毕后，项目滞销，资金无法收回。我们对这个项目进行了全资收购。

从业史上，我操作过众多高档别墅、洋房、大平层和商业综合体、商业街，大多是有品质的项目。如果说千万级高端别

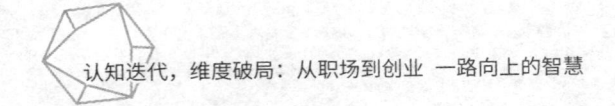

墅是自己操盘的上限，那么这个项目的尴尬品质，挑战了自己操盘的下限。

但创业就是如此，"上可九天揽月，下可入海捉鳖"。况且，任何资产都有它的内在价值，只是等待有缘人前去挖掘。

重庆的夏天特别热，避暑度假需求旺盛。我们了解到，高校的老师买避暑房的需求尤其强烈，他们更注重性价比。这个项目紧邻千野草场，海拔1300米，夏季平均气温21摄氏度，又是当地唯一的产权房，十几万元即可拥有一套避暑房，虽然品质差一点，但是功能齐全，性价比极高，应该是有市场的。经过团队的重新包装上市，并进行定向渠道宣传，这个项目最终销售成功。

从此，我的操盘史更加接地气，因为挑战了下限。

08 谢谢你们的支持

"Give me five"是一句很生动的英语,两人伸出五指面对面击掌,打招呼,庆祝胜利。

我用它作为公司五周年庆典的主题,有两层意思:第一是祝福公司创建五周年,为我们自己鼓掌;第二可以直译为"感谢你们陪伴,并给予了我们这五年的一切,感谢大家"。

"你们"包含所有的朋友、客户、同事及默默陪伴和关注我们的人。

活过了五周年,公司没有倒在创业的路上,而且越来越好。如今我们已经有了200多名员工,兵强马壮,管理体系初步搭建完成,业务模式也日渐成熟。

创业是人生一种有趣的活法

"一切"里面,包含了数不清的画面:惶恐的质疑,尖锐的挑战,成功的喜悦,滚烫的热泪,挥洒的汗水,迷茫时的无助,孤独黑夜里的陪伴,冷落至冰点时的温暖双手,失意时的抚慰,开花时刻的幸福,一个个项目上的陪伴和努力,积累的资本,广泛的人脉,沉淀的经验,能征善战的团队,崭新的办公室,业内小有名气的品牌，满满的自信，面对未来风雨的从容，芬芳泥土里向下延伸的根茎，向天空伸展的茂密的枝叶，以及抛洒的和煦的阳光。

当曾经的担惊受怕、辛酸痛苦可以轻描淡写地讲出来时，你会由衷感叹生命的伟大、奋斗的价值。

我想，这就是创业带给我的意义，这就是人生一种有趣的活法——因冲突而体验波澜，因比较而知晓刻度，因未知而定义勇敢，因探索而惊呼宝藏。

那天晚上，我们在五星级酒店张罗了 70 桌的欢庆盛宴，向五周年里与我们有过画面定格的重要面孔，悉数发出了诚挚邀请。高朋满座，亲友齐聚。为这一刻，我低调潜行，默默努力了五年。

我想让亲友们知道，在这五年里我们经历和收获了什么；我想和每一个到来的亲友拍上一张合影，将往事和此刻的样子铭记；我想让大家共享我们此刻的幸运和喜悦；我想把这五年的心路历程谱写成乐章，演奏出来；我想大声地感谢每一个人，由衷地表达感恩；我想我们这些有缘人，携起手来，走得更近，行得更远。

那天，核心骨干的家人们都来到了会场，他们第一次看到公司今天的模样。几年里，因为艰苦创业，我们对家人的陪伴是不够的，所以公司开出一张大支票，请全体家人海岛游，让大家彼此甜蜜陪伴，弥补些许团聚的缺失。中国人含蓄，中国的男人们更含蓄，那就以这种方式表达忘了说或说不出口的感谢和爱。

我希望公司的未来不仅优秀，而且伟大。

优秀的企业和伟大的企业，区别是什么？

我的定义是：

优秀的企业获取利润，伟大的企业赢得人心；

优秀的企业引领行业，伟大的企业造就行业；

优秀的企业服务股东，伟大的企业服务社会。

之前从来没有请蒋总吃过一顿饭，每次请他吃饭，最终都成了他买单。那天总算请他吃了一顿饭。憋在心里五年的歉意，不知道怎么说。也许消除歉意的最好方式，不是用语言，而是把曾经的失望变为希望。

日志——为自己搭一座桥，好跨过沟壑

我朗读了四段《创业日志》，让大家跟随我回到那些时刻。不是为了刻意表现什么，只是觉得，当我们有机会说的时候就说说吧，想讲的时候就该去讲：

团队人心缥缈不定，大家都展现了人性的弱点，困惑的、想撤离的……可是，对未来，我们没有退路可言。对大家最大的负责就是尽一切努力把公司做好。一个团队里最可贵的，是做事的方式和思维理念的高度一致，例如制度和灵活性的矛盾，与其看成矛盾，不如说是可兼顾平衡的两面，也体现了职业化，这本身就是一种理念。

谁对于未来都不可能有100%的预判或者把握，唯一能够决

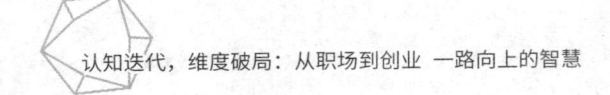

定的，是自己的应对态度，所以心理能力和信心最珍贵。

——2016年8月8日《创业日志》

无力感。

好在我始终没有放弃，这是自找的苦，为了目标，急还急不得，生气也没用，只能心平气和地面对现实，想行之有效的方法。这是创业最艰难的地方，既要发展，实现盈利，又要整治、提升内部，才能跟上发展。走慢了，扶不住；走快了，跟不上。这个度唯有不断调试，勇敢地去拿捏，才能把握好。

——2017年11月9日《创业日志》

团队管理者在培养人才的过程中，最大的挑战就是要眼睁睁地看着员工去犯错，而且还不能说。要给员工试错的空间，培养属于员工的责任感，让他感觉这件事跟他自己是有关的，是需要他自己想办法去解决的。创业者需要极大的胸怀，而又不能对员工放纵，这需要极大的智慧和坚持。

——2017年12月12日《创业日志》

所谓"自信"，并非来自巅峰，而是取自谷底。顺风顺水的时候，那种良好的感觉，事实上是一种盲目的自负。而当你历尽坎坷，身临绝望，坚持下来之后，你才会相信自己的抗摔打能力。

无论过程如何，保持乐观，接纳曲折。哪来那么多的冠冕堂皇？更真实的，是现实的无法预估和坚定信念、种因得果的故事。

——2018 年 4 月 11 日《创业日志》

日志是我的生活记录，是我的自我倾诉，是我的反思总结，也是我给自己打的鸡血。这些年，我就是靠自己与自己对话，照见内心，督促自己成长，陪伴和鼓舞自己度过一段又一段的幽暗岁月。日志像是在沟壑上方为自己铺的一座桥，好顺利地迈过去。

留一半清醒，留一半醉

该敬酒了。敬家人，敬朋友，敬人间。

我说了一段老话：

所以人呢，讲磁场。以利相交，利尽则散；以势相交，势去则倾；以权相交，权失则弃。唯有以心相交，淡泊明志，友不失矣。

那夜喝了很多酒，却没醉。

也许酒量好了，喝不醉。也许朋友到来，不敢醉。也许岁月的酒啊，我早已沉醉。杯中的酒啊，因为明天的希冀，留一半清醒，留一半醉。

明天浪花依旧在

第二天，我依旧上午 9 点来到公司上班，泡上一杯清茶，

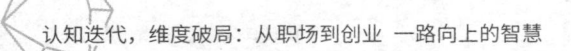

整理思绪，整装待发，迎接新的开始。

每一个时间节点，既是曾经的终点，亦是未来的起点。

今天，是昨天的明天。

真正的明天，一天天到来。在接下来的时间里，我们继续前行，继续尝试，继续经历起起伏伏。行业和疫情的乌云，比想象得更浓、更烈、更无情。

原以为准备得足够好了，其实错了，永远也不可能准备得足够到位，因为这是创业。

创业是什么？是一段没有终点的长跑，有人摔倒，有人爬起来，有人放弃并退出，有人始终坚持。无论你坚持多久，路永远在那里，在脚下延伸。

好比2021年，我即将迎来40岁生日。四十不惑，听起来似乎是一种美好的状态，什么都看得清，想得明白，不会发蒙、宕机。有人说这是睿智，也有人说这是无趣的开始，是老去的标志。无论怎么理解，主动或被动，我们都阻挡不了岁月的车轮滚滚向前。

这一年我在经营上踩反了节点，上半年误判形势，以为疫情会结束，经济以及房地产行情会像5月的全国集中土拍大戏那样火爆起来。于是我卷起袖子准备大干一场，大幅追加投资。

现实却是：自7月开始，外部环境以"七月雪"的形式大幅降温，气体不经过液体直接凝华成为固体，市场一片死寂。

我蒙了！说好的"不惑"呢，不是不会疑惑了吗？

用"精神胜利法"来看，有冲劲儿、闯劲儿，说明自己还没老。

下半年,谨慎收缩,我大幅压低投资,压低成本,收缩团队。

现实却是:错过了大好机会。

巴菲特的至理名言——"在别人贪婪时恐惧,在别人恐惧时贪婪",听起来简单,对于常人却是那么难。我彻底踩错了节拍,准确地说是踩反了。

我想起了自己应该始终遵循的三大准则:规则、平等、自然。

遵守规则,尊重平等,遵循自然。

如果遵守规则,那就愿赌服输,敢赢敢输。只要遵守规则,至少能赢得尊严。既然明天永远在,那么游戏不会结束。调整心态,继续总结成败,改进方法,规则会奖赏你下一个赢的时刻。

这一波自我调整,我用了大半年时间,总算又把自己拉回到平常心,重获勇毅与平和的状态,客观凝视踩错节点的决策,接纳"果"的损失,也接纳造成"因"的自己。

尊重平等,只要是敢于冒险、始终努力、保持拼搏的人,无论是贫穷还是富贵,大家都是平等的。不同的是,上天给到每个人的角色、机遇、牌面。但是如果人一生中的机会能够用重量去衡量,对所有人来说,摆在眼前的就是等重的、平等的机会总和,差别在于谁能够抓住,以及抓住多少。

既然遵循自然,无论天晴还是下雨,一并深爱吧。敬畏大自然的广博浩瀚,亦接纳自身的渺小,以及因渺小而出现的随波起伏的状态。

自然界里,有明天,浪花依旧在!

CHAPTER 6

创业为什么这么难

01 创业是冒险者的游戏，却充满无限吸引力

创业大概是这个世界上最难的事情，在所有创业者中，成功率不超过5%。所以，创业是一场冒险者的游戏。

这辈子需要创一次业

说创业是冒险，首先是因为成功率极低。当然，这个成功的定义是狭义的，是指社会意义或者经济意义上的成功，也就是指一个公司能够持续生存下去。当然你得持续盈利，就像生物一样，吸收的能量大于新陈代谢消耗的能量，才能够存活。

我一直认为，这辈子需要创一次业，无论成功还是失败。因为创业会带给自己不一样的人生体验，增进自我了解，丰富自己的知识结构，提升自己看世界的格局。当然，这个过程是极其痛苦的，却又是苦乐相伴的。倘若能够度过艰辛时刻，迎来的将是一个崭新的自己，打开的将是一个崭新的世界。而这可以看作广义上的成功。

说创业是冒险的另外一层含义，是指创业始终是一种经济

行为，关系到社会和家庭。例如：对外的借款或者融资，牵扯到自己和家庭的收入，这是严酷的现实。不像打工，拥有相对稳定的线性收入，永远为正，月收入乘以时间，等于总收入。创业的收益是非线性的，是过山车式的，有可能一段时间收入很高，也有可能时高时低，甚至有可能是负数，毫无规律可言。除非遵循创业规律，有运气加持，企业走上了正轨，将非线性收入做成线性收入，或者呈几何级的增长。

这也是创业的致命吸引力：风险回馈不确定，有可能是甜瓜，也有可能是烂苹果。如果创业不成功，会导致收入降低，经济拮据，甚至产生负债，进而影响家庭。

更大的冒险，是创业对心态的拷打。如果成功了，将收获极大的自信，有更强的心理承受力。反之，看待问题消极，或者不能承受公司倒闭所带来的痛苦，就有可能灰心丧气、一蹶不振，甚至失去生活的动力。这就是被创业失败的结果彻底打倒的情形。现实中，被创业彻底打倒的人并不在少数，许多人面容枯槁，悲观厌世，患上焦虑症，甚至身体出现问题。

有趣的是，我们还要在以上得失中加上一个时间维度作为丈量标尺。我所定义的时间维度，是人生。无论结果好还是不好，咱们得看这个评判打分在什么时候进行。如果是过程中遇到波折和阶段性的失败，只要自己不放弃，能够通过总结、反思拓展能力，转换看待问题的方式，最终迎来柳暗花明，那么所经历的一切伤痛就只是一个过程，是成功路上的台阶而已。

创业者头上的"五座大山"

创业为什么这么难呢?

从本质上看,是"五座大山"的较量:第一,跟时间的较量;第二,和人性的较量;第三,价值观的较量;第四,认知广度和知识结构的较量;第五,协作和创造能力的较量。

时间的较量

创业者怎么看待创业的时间周期,以及怎么看待成功和失败呢?是把一时的不顺或者挫折当作失败,还是不到山穷水尽决不放弃,永远等待柳暗花明的到来?即使第一次创业不成功,总结反思之后再接再厉,是否第二次、第三次就能够成功?现实中不乏连续多次创业者,也有许多经过几次创业后最终成功的案例,譬如罗永浩这样屡战屡败、屡败屡战的人。

另外一种跟时间的较量,来自创业是一个永无止境并不断攀登高峰的过程。企业也是符合熵增定律的,因为环境在不断变化,客户在变化,员工也会发生各种情况,倘若你不介入,不调整管理方式,那么企业就会越来越混乱。

有的创业者总是想:我要把企业做到如何如何,然后就对了,就顺了,可以躺平了。如果你这么想,我只能恭喜你,你打开的这部"网络肥皂剧",充满意想不到的"惊喜",下一集都会让你觉得上一集的自己太傻太天真。企业解决新的问题和挑战,就像肚子饿了需要一次又一次重返饭桌,没有终点,直到你起不来,真"躺平"。

唯一应对变化的方式是变化本身。真正要锻造的，是企业及团队终生学习和应对变化的能力。创业这条跑道，是无限延伸的。结果固然重要，路途本身也充满风景。

还有一个跟时间的较量，是相对速度问题，即组织和团队内部能力成长时间和外部经营结果及时性要求的冲突。

组织的能力、团队的水平不是一朝形成的，有很多不成熟的地方，会不断犯错。然而市场是无情的，不会给企业那么多的机会和借口，经营数据、经营结果更不会说谎，很难等到团队足够成熟、组织足够完美了，再去面对市场。有可能你都没有机会等到那一天，现金流和信心的子弹就已经打光了。

反过来，完全不打磨组织、不犯错、不培训也是不行的，活下来的机会更渺茫。唯一的出路是一边干一边迭代，先打造一架"手推车"，再迭代为"自行车"，然后逐步改装为"汽车"。一只眼盯着内部能力，一只眼盯着钱袋子。

人性的较量

人性有与生俱来的几个弱点：

1. 以目之所及的信息和认知来判断问题；
2. 根据过往经验形成认知，一旦形成，容易固化且难以改变；
3. 不喜欢学习、思考，能少动脑子就少动；
4. 干得越少越好，拿得越多越好；
5. 对于损失难受很久，对于收获只高兴一天，舒爽感不易持续，不适感常常跳出来；

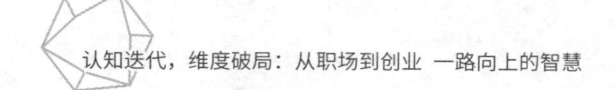

6. 眼睛除了照镜子时，都在看别人，总是看到别人的问题，却看不到自己存在的问题。

人性的较量，首先要跟自己身上的缺点、不足、盲点较量。因为盲点在暗处，但是创业者在明处，你身上的一切人性，都会在与人打交道、做事的每一个环节中自然展现。它会被翻译成各种经营决策，以行为、语言、表情、制度、合同、利益分配等种种形式得以呈现，然后被客户、员工、组织、市场反馈，进而无限放大，最后以公司的经营结果回馈给你。如果创业者不能认识并克服自己人性的弱点，不能优化提升自己，就会败给人性弱点带来的后果。

人性也有一些优点。如何洞悉人性，并且懂得用沟通、商业模式、合同、机制、管理，去激发人性的善、规避人性的恶，是创业者的第二项挑战。成功的创业者一定是通晓人性、善用人性的高手。

价值观的较量

许多创业者被打倒，大概率是这些创业者连价值观都没有，或者不清晰，或者完全不懂，更别谈重视了。

为什么创业，这关乎价值观的问题。这个问题都没想清楚，怎么知道自己为什么要做这家企业，怎么知道把企业做得有灵魂、有生命力。可能很多人说，怎么没有，不就是为了挣钱吗？没错，谁都想挣钱，但是为了挣钱而挣钱，常常挣不到钱。即使挣到了，也是赌对了运气，有运气好的时候，也有运气背的时候，而凭运气挣到的钱，往往会凭实力亏出去。

企业如果没有价值观，员工就没有根本的价值导向，不知道什么是对，什么是错。遇到问题的时候，不同的人按照不同的方式决策、行动，极易做出谋取短期利益、伤害企业长期利益的事情。组织内部也很难产生协同和信任，因为大家的价值观不一样，彼此都会觉得对方有问题。这样的团队，离心离德，早晚散伙。彼此之间连信任都没有，还谈什么共患难？战斗力就想都不要想了。

产品服务没有价值观，就会忽视客户利益、客户价值，一旦客户有了更多选择，首先抛弃的就是这个企业。

价值观不是一句口号，更不是贴在墙上的标语，而是企业从组织构建到流程制订、制度安排、激励考核及产品服务设计的根本准则，是一个系统、完整的语言体系和行为标准。硬件、软件一以贯之，是企业的根本和魂魄。

认知广度和知识结构的较量

本质上还是打工者的职业经理人，是企业这台机器的一个零件，负责某一个板块的专项工作，讲求专才。即使需要系统性的知识，也是基于这个专业而言。

而创业者必须是一个全才、通才，近似于"万金油"。对外要适应市场变化，满足客户需求，应对竞争威胁；对内要搞定组织效能、经营数据、员工管理。

每一个创业者都是从不成熟开始的。创业者要么是草根，

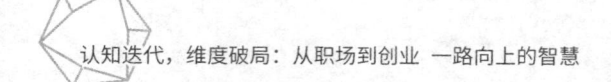

要么曾经是职业经理人，顶多算某个领域的业务能手。对于我们没有干过的专业领域，一定有短板。某一个板块的不成熟，都有可能导致全盘皆输。

例如，不懂人事，就没法招聘到合适的人，无法构建组织，也无法激励人、留住人。不懂财务，企业将面临巨大的经营风险，如企业是否赚钱，账上现金流安排是否充分，税收是否规范，等等。不懂法务，一个合同条款的忽视，足以让你把一年的利润都赔得精光，甚至背负企业清算的风险。懂管理，不懂业务，企业没法搞定客户，不能赚钱；懂业务而不懂风险，善攻不善守，则可能赚得没有流失得快，千疮百孔，难以为继。

人的经历有限，精力也有限，怎么办呢？可以从两个方面去努力：一是学习；二是借力。两者不是"或"而是"和"的关系，既要不断学习，扩展认知，把不懂的领域搞懂，又要借助老师、资源、人才的智慧和能力。

为什么是"和"的关系呢？因为作为创业者，你至少得知道问题在哪里，需要改进的方向是什么。你得知道每个专业领域的核心原理，以及该领域涉及哪些系统模块，这样你才能知道从哪里去借势，借什么势，否则方向都是错的，有资源也用不好。然后你就懂了，未必什么事都是自己擅长的，自己的时间、精力有限，全凭自己每天不吃不喝不睡，也是做不完、做不好所有工作的。所以得会借势，知道跟谁借，借什么，别人为什么愿意让你借势，以及怎么借得好、借得够，借得足以解决当前面临的问题。

这就涉及最后一个较量了。

协作和创造能力的较量

人的根本属性是社会性。生存与发展，需要人与人之间的协作才能实现。做企业，我们需要与客户、合作伙伴协作，团队内部也需要协作。所以创业者最重要的一项能力，是与人协作的能力。

创业者必须明白，与人协作，不是别人来适应你，而是你去适应别人，按照他人的思维模式、利益诉求、做事习惯等来调适自己，做好服务，提供价值。

还有一个难点在于你必须聚焦目标和战略，不能为了达成协作，就没有底线地一味讨好顺应别人。那样结果未必如愿不说，最难受的是过不去你心里那道坎。

因此，懂得人性，善于沟通，具备双赢思维，会统筹和拆分目标，能够在变与不变之间寻求平衡，这才是创业者需要修炼的基本功。

创造力指的是，我们得把不同维度的能力、资源、人才，通过创造性的方式加以整合，使其成为世界上独一无二的存在。

创业者除了要善于整合，还要提供独特的产品或者服务，解决某一个市场痛点问题。

在这个过程中，创业者是编剧，也是导演，更是剧务。很多问题都需要变通，需要用创造性思维去解决，跳出去再回头看问题，寻找解决路径，给出最优解。

02 如何战胜情绪

当你成为老板后,身上的许多特质会被放大,尤其是情绪。因为你是企业的一把手,要对它负全责。有时候你会觉得自己是孤身一人,独自面对疾风暴雨,直面最大的挑战,最坏的结果一定是自己兜底。此时,你的情绪也会随之起伏。

情绪爆发是人类的防御天性

为什么说创业的感受就像坐过山车?那是因为每天都在面对未知,需要不断去创造,去直面挫折或打击,经历成功或失败。当结果不甚满意,而你想到未来,想到团队,想到责任和压力,想到自己的付出和不易时,情绪就来了。

我们会在潜意识里建立这样一个公式:行动=结果=自我评价。

但是行动和结果之间,有一个时间标准和有效性的问题。有可能很多行动,并非在第一时间能拿到结果,更有可能是一次到 N 次的努力都未必得出结果。你需要不断地调整,不断地尝试。若是我们缺乏耐心和对此行动认识不足(事实常常是这样),就会把这些结果归咎于自身和团队,最终情绪爆发,在内部造成负高压。

这些负面情绪包括失望、焦虑、悲伤、害怕、无助、愤怒等。

当我们对一切有掌控感或者事情推进顺利时，情绪通常会导向快乐。但是因外部原因而导致的快乐又常常是短暂的，所以我们会不断前进，不断挑战下一个目标。创业的本质就是逆水行舟，不进则退，比的就是效率和创新。那么这种快乐的持续性，就会随着新的目标的树立变成担心和焦虑，或者是某一个新目标没达成，导致悲伤或无助。

很多创业者不希望把担心、害怕、焦虑表现出来，认为这是懦弱的表现，是无能的代名词，所以展现在外的，常常是坚挺起来的硬壳，或是竖起来的"刺"。情绪的外在表现就是愤怒，其背后是自责，是对周边的不满。而愤怒的本质是担心、害怕，是对事态缺乏掌控感和安全感，对未来充满不确定性。认为不好的事情、不幸的事情将要发生，所以应激反应就以愤怒这种自以为展示力量的方式展现出来，希望对外施加压力，对内释放情绪，促进结果达成。这应该是人类的防御天性，当感到威胁或者情况失控，就会刺激杏仁核，分泌皮质醇。

认知－接纳－沉淀－正向积极

如何克服这些负面情绪呢？

首先，需要提升我们的认知，了解情绪背后的原理，了解人的大脑结构。人的大脑最内环是动物脑（本能脑），负责平衡和生理反应；中间是感性脑，负责情绪和记忆，当我们处于情

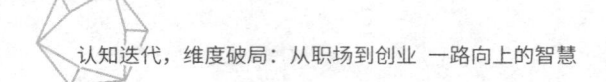

绪失控时，脑子一片空白，就是感性脑占据主导地位；最外环是理性脑，负责克服冲动、分析解决问题。

其次是接纳——接纳自己，接纳情绪。学会理解自己，谅解自己，不要因为情绪来了而过于自责，给自己更大的压力。情绪宜疏不宜堵，当我们认知并接纳了情绪，至少情绪不会进一步爆发，我们的心态也会平和。

再次是学会一些属于自己的有效调整并能疏通情绪的方法。例如，喝一杯水，静坐冥想，和朋友交流沟通，听听歌，给自己切换大脑思维的空间和机会。还可以寻找几个创业导师，多跟他们交流，你就会知道大家其实都是这么过来的，而且一直处于应对新的挑战的过程中。

最后，我们要对创业规律有所认识，要树立起"向死而生"的勇气，认识到"迭代试错"的必要性，抛弃完美主义，不要将试错结果、遇到的阻力，跟自己的能力不足或者团队不努力画等号。一次做错了，就是增加了下一次做对的可能性，收获了经验，从而保持积极、乐观的心态，理性地看待创业。

创业需要极大的热诚和耐心，是一个长期的、无止境的试错过程。这个过程本身就是一种修炼，既锻炼我们做事的方法、学习的能力、坚持信念的恒心和不断迭代方式方法的变通力，又修炼我们的智慧和心态，以及情绪调节管控的能力和方法。

总之，通过创业过程，我们会让自己各方面变得强大，无论是术，还是道，都能切换自如，从而打造一个更好的自己。

03 沟通与换位思考，系统思维能力的培养

员工和老板，作为劳资双方，一个劳力，一个劳心，一个出活担任务，一个出资担风险。站的角度、面对的局面、体验的心境、思考的问题点都不同，因此相互之间常常有很多不理解和抱怨。劳资矛盾向来都是管理学探讨的重点。

我自己经历了从基层员工到中层干部，再到高管，最后创业当老板的过程，每一次的变化，都带来不同的认知，对问题的理解也会不同。当把几者打穿后又缝合在一起，再回头看时，会觉得更加有趣。

基层视角

初入职场做基层"小白"时，战战兢兢，看一切都是崭新的，每一项工作都值得被谨慎对待，觉得其中大有学问。面对老板，不敢，不愿，想都没想要走近、接触他，觉得对方远在天边，高高在上。如此，距离产生畏惧感，深觉自己作为基层员工，与老板没有共同话题，也不知道他一天在想些啥、干些啥。

偶尔开公司大会、年会，见到坐在台上的老板，他总是一副若有所思或者忧心忡忡的样子。听他讲话发言，说着说着就开始激动，对这不满，对那不满，然后开始批评和指责公司管理上的种种问题。员工眼里的老板，大概就像那句玩笑话——"老板着脸"。

员工看公司高管，觉得他们更多的是陪伴在老板身边，一起开会、出入各种场合，仿佛被占用了很多时间。这样的生活——既要鞍前马后，又要挨骂，还不得自由，是许多基层员工所不愿意的。相对下级而言，高管是有优势的，有权力，有地位，还有高收入。

对于公司的各项制度、规定，员工经常会觉得不理解，甚至厌烦。为什么老板整天各种改革、调整、折腾呢？之前已经熟悉的工作状态和生活节奏不是更好吗？折腾个啥？

另外，基层员工每天在工作中都会遇到大量问题，觉得这些都是公司的问题，也不知道高管或者老板是否知晓，甚至感觉有的问题很低级、很愚蠢：公司怎么那么差劲，还存在这么多的问题！

负责任的员工，兴许会努力去弥补，拿身体堵枪眼，但是无法改变根本。改革之路，对员工来说，是一条充满荆棘的路。而不负责任的员工，只会看着问题发生，满腹牢骚，传递负能量。

中层视角

管理层是怎样的视角呢？中层和高层略有不同。

中层管理者，大多从员工中提拔起来的，在业务上通常是经验丰富的，也更加有责任感。但是更多的是从自己部门的角度出发去看待问题，还会有一些业务上的惯性思维在里面。看待高管，总是觉得他们说得多、干得少，部门这些专业活，不都是我们在干吗？凭什么你们高管拿那么高的工资？凭什么老板挣那么多钱？

中层对下，喜欢勤奋的、干活细致认真的员工，这样的员工让自己省心，否则自己还得补位或者背锅。耐心好的，会给员工培训或者悉心指导，希望他们尽快提升；耐心不好的，只需要行使管理权，留下优秀的，淘汰不合格者就行。

中层管理者职场经验更久，对老板的各种做法早已习惯了，就算搞不太懂，但是也知道老板的秉性和公司的常规做法，所以该怎么干就怎么干，执行力强。

高层视角

高层管理者都是从茫茫人海中拼杀出来的佼佼者。要么跟老板时间最久，关系最铁，更懂老板，在时间和信任度上胜出；要么业务能力卓越，有战略格局或者战功显著，带领部门打过胜仗，并且跟随公司的发展而发展；要么就是空降跳槽，曾经的履历和能力被一家新的企业需要。

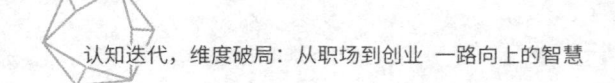

做到高层，情商一定很高。对上，审时度势，大体知道老板想要什么。知道老板这样做有自己的道理，哪怕颇有微词，也都会遵照执行。当然，如果一定要提意见的话，高层也知道怎样和老板对话，用老板更能接受的方式进行有效沟通。

高层，需具备一定的战略思维和系统思维，对于自己所分管的体系、部门，有独到的认识和想法，通晓行业规律，具备制订组织架构，设计、优化管理流程以及处理重难点问题的能力。

高管对老板，是又爱又恨、又怕又不怕。

爱，是因为跟老板走得近了，彼此更加熟悉，觉得老板也是人，有很多不易，也更能理解老板。他们也会看到老板身上一些可爱的地方和闪光之处，会去琢磨老板在想什么，老板的过人之处是什么，也会被老板的创业精神所感动。

恨，是因为老板也是人，一定有人性的弱点和自身的缺点。有些时候，老板会做出错误决策，但是身为高管又拗不过老板，不得不眼睁睁地看着不好的结果发生。这种明明自己看到了问题却无力回天的局面，高管会很郁闷，甚至对老板产生意见。

高管通晓职场规则，对老板熟悉，了解如何与老板打交道。但是事情总是有两面性：敬老板，也畏老板，高管成功的经验和做事方式，也是一种变相的束缚——他们始终要围着老板转，所以高管怕老板。

对于高管来说，如何把握与老板相处的边界、尺度，是最大的难点。若思考越界，超出了老板的认知，会被老板认为能力或者想法有问题；若想到了却有所保留或干脆沉默，则让老板产生不满；若是支支吾吾说不出个所以然，则有可能让老板怀疑其能力。高管的难处，在于身后总有一个"超级裁判"，时刻看着你的工作，评判你的工作，这个"超级裁判"就是大老板。

高管为什么又不怕老板呢？倘若长期不得志，大不了我拍拍屁股走人，"我本将心向明月，奈何明月照沟渠"。当然，底线还是要有的，但也因人而异。老板好相处，够义气，我就用心一些，凭良心做事；老板不好伺候，还苛刻，我就根据利益选择去留。

高管看待员工，会因时而变。有时站在员工一边，因为员工是企业的根本。而高管作为职业经理人，也是员工的一员，只是职位和看待问题的层次高低不同。更多时候，高管会站在老板的一边，因为他参与了决策的沟通过程，能从老板的角度看到许多问题，更能理解老板和公司管理层做出的决策。

优秀的高管能够很好地平衡对上和对下的关系，综合考量老板的利益和员工的利益，二者兼顾，将企业价值与团队价值，甚至是客户价值进行整合。当然这就要看高管的工作水平、段位和格局了。

老板视角

老板常常是最孤独的那个人，也是最可爱、最可怜、最可恨的那个人。

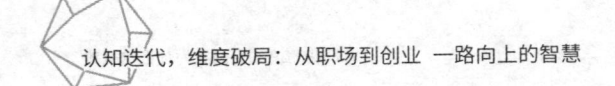

老板总是想着企业生存和发展的根本问题，直面冷酷的现实。在人情世故面前，老板优先考虑的是企业的根本利益，所以总是直达问题本质，进行透彻思考。

因此，员工会觉得老板都是铁石心肠，不近人情。并非老板不近人情，而是他必须将企业的生命和发展看得更重。而且每个人对于人情的理解是不同的，总有利益点无法平衡，想要人情处处周全，是不现实的。

相对于通晓人情，老板更应该通晓人性，了解人性的善与恶，知道如何通过机制来发扬人性的善，规避人性的恶。但是这一点恰恰又是最考验老板管理水平的。

早上走进公司，看到员工都辛勤工作，老板的心情就会很好。若是看到许多人无所事事，玩手机，磨洋工，或者月底拿不出业绩，就会万分着急、愤怒，心想：工资又白发了，养你们这帮闲人有什么用！下班的时候，若是看到办公区没人，电脑屏幕却开着，或是不关灯，老板也会着急：这么不注重节省成本，企业这么搞，每天要增加多少无形损失！

老板既希望你尊敬他、理解他，又不喜欢一味溜须拍马之辈。首先你得有能力，能胜任工作，最好有创业精神，能够站在企业立场思考问题，开展工作。若没有能力，一味讨好老板，老板也能看得出来，会心生不满，心想你就是个趋炎附势、阿谀奉承之人，要是都像你"山间竹笋——嘴尖皮厚腹中空"，企业就完了。

但你若是过于刚硬，当了刺儿头，此时，老板首先会评估你的价值：如果你能够拿到业绩或者推动公司发展，那么他也许还会忍一忍，毕竟老板要的是企业发展和盈利，但是从此以后一定不会把你纳入核心层和心腹名单。倘若评估结果是你能力不行、脾气还大，那你就要小心了，估计很快会找理由请你走人。毕竟老板需要的是同心同德的战友，是大家的理解和支持，而刺儿头挑战的是老板在企业内部的权威，这定然是无法容忍的。

老板所期待的团队，是一群志同道合的人，是一帮有着行业视野，具备拼搏精神、专业能力并对自我严格要求的人。大家一起努力，开天辟地，拼出一番成绩，闯出一片未来，在此基础上实现企业、团队、客户的共赢。

老板和员工的根本差异

老板和员工的根本差异，是思考和看待问题的时间维度不同。

因为老板是为企业最终兜底的人，将承担失败的最大风险，所以对老板来说，企业就是他的命根子。如果企业倒闭或者亏损，自己会人财皆输甚至背负巨额债务，未来变得消沉、迷茫。老板更容易动怒，也是因为他们心理压力巨大，因为害怕而表现出愤怒。情绪化是对团队现状不满和对未来感到恐惧的投射。

老板做出的每一个决策，都会考虑未来这个决策对企业有什么影响，不仅要考虑进攻性，还要考虑安全性、风险性。如果只是考虑短期有效，那么长期执行下来会有麻烦，最终这个

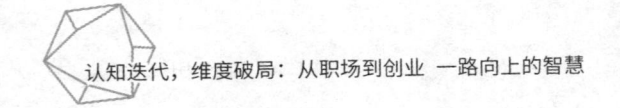

烂摊子就只得老板自己来承担和收拾。

与职业经理人不一样,他们还能"此处不留爷,自有留爷处",而老板只能和企业共存亡,直到企业倒闭或者成功交接班的那一刻。即使做完了交接班,老板也希望企业继续发展下去。

老板可以长期改进某件事,只要最终结果是好的。而高管不同,对他们的评价一定有时间期限,规定期限内干不出业绩,会招致老板的不满,倘若后续仍是不见成效,多半会被劝退。

所以高管必须做中短期有效的动作,哪怕短视,只要有一定的效果,就值得去做,也必须去做。只要在自己任期内,问题不至于无法收场,他们就会去衡量利弊。业绩和问题哪个更重要?在短期决策上,高管会相对激进,偏业绩导向;而在老板层面,他们的决策会更多地兼顾长期效益,规避系统性风险,在业绩和问题的攻防取舍上,往往会考虑得更多、更深、更久。

在长期的改革进攻上,老板也更能打开局面。因为企业的一切制度、流程、做法、资源,在老板面前都不是问题,为了企业的发展,都是可以破局和改变的,只要想明白了,就没有什么事不能放手去干。

所以每个岗位、每个角色,都不容易。在环境和现实面前,各有各的不易,各有各的局限性,也各有各的独特性。沟通、换位思考，无论对于哪个层级，都异常重要。

我们在商业社会里，打开思路，拆掉思维的墙，看待问题时着眼于当下，综合考虑环境、人、局势等因素，这就是系统性思考的能力，也是无论身处哪个位置，事业能取得成功的关键。

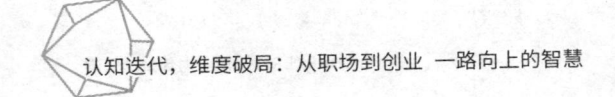

04 创始人的自我管理：
领导力具体体现在影响力

所谓领导力，不是指挥和命令那么简单，而是具体体现为如何影响员工。

在一个组织中，创始人的一言一行，每个员工都看在眼里。你的起心动念，你所传递出来的能量，都会传导和影响到他们，然后通过他们的理解，转化为对企业文化的认知，进而影响到他们工作中的判断和行动。员工工作是否有成效，能否出成果，以及企业整体的经营情况，都会受到以创始人为核心的企业文化的影响。

对创始人来说，他的心里也有一面镜子，照出真实的自己。因为一个人可以骗别人，却骗不了自己。当然自欺欺人、掩耳盗铃者除外。

那么谁来管理创始人呢？答案是自己。

要想做好企业、带好团队，创始人首先要做到的，就是管理好自己，即自律。至少要做到三个方面的自律：一是时间分配和效率管理；二是企业文化管理；三是学习管理。

时间分配和效率管理

对创始人而言,每天你怎样分配时间,决定了你对自己肩负职责的理解,以及对于企业所在阶段的判断。创始人在企业中,应该是总规划师、总决策者。企业想做成什么样子,需要什么资源,应该带领团队或者组织建立什么样的文化,培养什么能力,每个阶段企业最应该做的、最重要的事是什么,都在创始人的思考范围内。

需要创始人考虑的事情太多,所以怎么分配时间成为首要问题。毕竟老板也是人,时间、精力又是最为稀缺的资源,如果自己的效率不高,不懂得合理分配和运用时间,那么一定会造成企业混乱。自己脑子都是乱的,东一榔头西一棒子,分不清主次轻重,还如何谈高效?如何与团队协同,在每个阶段做最应该做的事情?

而时间安排、效率管理,不是说把自己的工作安排得满满的就行,有可能看起来很忙,但就是不出成果,或者是精力分配很散乱,导致组织工作无序开展。

创始人应该至少从三个维度来思考如何做好时间管理。

第一个维度是如何平衡,即平衡好工作时间、家庭时间以及留给自己的时间。这种平衡是为了让自己维持最佳状态。

第二个维度的思考是企业里的时间分配,在管理、组织、沟通、培养人才、整合资源等方面,应该如何分配时间。

第三个维度的思考,是做事、管人和分析数字的时间。这个时间维度,其实是老板对管理的认知,即企业到底是由什么

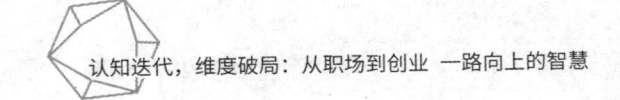

推动的。答案是人、事、数据，就像是开车时的仪表盘，通过关注时速、发动机转速、油耗来适时调整、驱动一辆车。因此老板需要立体地看待人、事、数据，从而去驾驭一家企业。

有的事情是需要创始人亲自下场的，自己必须花精力去思考和打版，亲自做一遍才知道真理。做事的时间，需要全身心地投入；管人的时间，聚焦的是人，围绕如何调动人的自驱力，如何解决人的心理和能力的问题，如何沟通协调，如何培养员工等展开；分析数字的时间，需要创始人花时间去分析和构建数据管理的目标，并且不断对照分析，制订优化管理的举措，并且对最终达成的指标进行总结复盘。一切管理皆可以也必须被量化为数据，企业做出的每一个决策，也都会反馈到经营数据上来，如利润率、现金流、资产负债率、各项成本的高低、员工人效等。

企业文化管理

创始人想要什么样的企业文化，制订什么样的企业制度，首先要以身作则。"己所不欲，勿施于人。"自己都做不好、做不到，如何要求团队做到呢？

从感性层面来讲，员工如果认为企业老板是一个敬业务实的人，一个雷厉风行、一身正气、勤勤恳恳的人，那么他们也会被感染。反之，如果觉得老板做事情缺乏条理、乱七八糟，人品还不行，那么一定会消极怠工，敷衍了事。

这样导致的后果是优秀的员工留不下来，倒是那种做一天和尚敲一天钟的"老油子"留下来,整个公司不会有战斗力,更不可能赢得市场,也不会得到合作伙伴和客户的认同和尊重。

企业一旦失去市场,就是失去未来。而这一切,与创始人自我管理的意识、能力和效果有很大关系。全球许多大型企业的创始人,都对自己要求极其严格,一直坚持自律和效率管理。

学习管理

有句话说"老板就是企业的天花板",认知格局、能力和知识结构,决定了老板怎样思考行业、未来战略,如何制订经营决策,如何科学管理,如何做事,如何管人,如何经营。

企业经营管理,涉及的知识面广且深,而且商业社会又是不断变化的,客户在变化,技术在迭代,员工从"80后"到"90后""00后",他们的成长背景、心态、意识、价值观也是不一样的。面对如此复杂的系统,企业创始人必须成为一个终身学习者,吸收古今中外的智慧,借鉴、学习行业的成功经验。创始人要走访名师、四处求教,在实践中学习,向每一个员工和客户学习。

不会学习,就没有成长;没有成长,企业就会固化。逆水行舟,不进则退。一个好的管理者,一定是一个优秀的学习者,而且还要懂得学以致用,将学到的经验成功运用到经营管理实践中去。

创始人还可以加入私董会组织或者聘请企业顾问,和一群创始人相互学习、相互督促,或者让顾问给予自己指导和帮助,

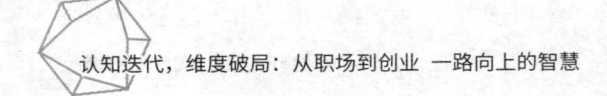

甚至批评。

创始人,要学会自己管自己。想尽各种办法,提升自己的素养和认知,学习自我管理的方法,不断打磨和提高时间管理、精力管理、效率管理、文化管理、学习管理的水平和技术。

只有创始人把自己管好了,才能建立威信和信任,团队才会接受你的风格和做派的熏陶。你说的话,别人才会听,才会跟上你的思维和行动节奏。

创始人必须身体力行,才会受人尊敬,建立一支狼性、高效的团队,组建起一个敏捷的、终身学习型的组织。

05 了解和读懂市场周期，找到适合自己的活法

俗话说"上山容易下山难"，做企业也是如此。

市场是有周期的，这就是经济潮汐、行业脉搏。

1992 年邓小平同志发表"南方谈话"，提出建立社会主义市场经济体制，束缚我国产业发展的思想、理念和体制机制障碍被扫除，社会生产力和产业发展活力得到极大释放，经济快速增长，产业结构明显优化，产业体系逐步完善。中国的工业制造业兴起，许多耳熟能详的制造业品牌，皆兴起于那个时期。

1997 年被称为中国互联网元年，搜狐、网易、新浪都在这一年成立；2000 年开始，互联网泡沫破灭，美国纳斯达克指数从 2000 年 3 月的历史最高点 5048 开始下跌，一路跌到 2002 年的 1114 点；2010 年苹果发布了 iPhone4 手机，iPhone4 是苹果历时最长的旗舰 iPhone 型号，为期 15 个月；2010 年中国国内移动互联网市场规模达到 637 亿元。

1998 年 5 月，央行出台了《个人住房贷款管理办法》，提出 30% 的首付款比例和最长 20 年的贷款期限；1998 年 7 月 3

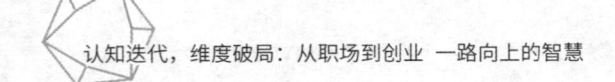

日，国务院《关于进一步深化城镇住房制度改革加快住房建设的通知》出台，宣告延续了近半个世纪的福利分房制度寿终正寝，"市场化"成为住房建设的主题。2021年之后，房地产市场断崖式下跌。

没有脱离时代的英雄，只有时代造就的英雄

个人在时代浪潮前，唯有顺势而为，把握时机，才能有一番作为。

创业，既是"创""闯"之学，又是知进退行止之学。

能判断行业周期走势，认清时代趋势，即所谓"世事洞明皆学问"。创业之难不在于"创""闯"，而在于感知下行周期到来时能有效应对，那才是真正的考验。

上行周期时，先知先觉者屹立潮头，斩获最丰，后知后觉者入场虽晚亦能分一杯羹。这一时期，得益于市场上行周期红利，成功变得容易且普遍，成为一种社会群体现象。只要你不懒惰，肯拼，哪怕激进一点，这波浪潮都会把你往高处送。决策即便稍有偏差，对结果的影响仅是数量级的，而不是正负向的致命问题。

但若是处在下行周期，创业者每一个关乎进退的决策，都是可以决定企业命运的节点。是高筑墙、广积粮、缓称王，还是不称王、装狗熊、活下去剩者为王？

下行周期，摆在企业决策者面前的全是岔道，考验的是创始人的内功心法。这时候，企业创始人首先要思考的问题，是如何降低成本，降低企业的更新换代速度，争取在恶劣的环境中活下来。这就相当于修炼"定桩功"，考验的是企业创始人稳得住的生存能力。这时候，哪怕企业不发展，但只要能够活下去，就有机会。哪怕看似发展速度为零，但是在特殊的环境下，企业创始人面临的境况就算小有亏损，也算是赢。当然，此时也不乏逆流而上者、弯道超车者。

世界那么大，人那么多，成功是有多种类型的，但不管如何定义，一家企业能被市场记住，且持续存活下来，就是成功。

唯一的束缚就是时间。当你选择往东，就不能往西；当你攻克 A 课题时，就不能做 B 这件事。你想推翻重来，但是游戏结束了。在有限的时间和有限的现金流的前提下，我们每一次抉择，都意味着放弃剩余的全部。成功概率是固定的，可惜我们没有足够的时间和资源试错重来。除了运气，我们唯一能把控的是自我能力的提升。

而了解和读懂市场周期，找到每个周期里适合自己的活法，这也是自我提升的一项重要内容。

养成利他思维的必要性

老子曰："上善若水，水善利万物而不争。""夫唯不争，故天下莫能与之争。"

近些年，在商场上我们也越来越多地听到利他主义、利他思维，何解？

我的理解是：利他，即换位思考，设身处地地去理解对方，看看他们的境遇，体察他们的思维，理解他们的情绪。对于对方想要什么，需求点在哪里，不加以评判，不忙着质疑，以利他思维重新审视问题就好。既有换位思考，又有自我思考，两者创造性地结合，再来看看自己能做什么，能够提供什么。无论是给予诚恳的建议，还是行动上的实质性帮助，或是给予情感支持。这样做看似是利他，最终会成为利己。古语有云："舍得之道，有舍才有得。"人心都是肉长的，对于别人给予的帮助和支持，我们内心的信任和感恩会油然而生。"投我以木桃，报之以琼瑶"，终会在某个时候回报于对方。

通过帮助别人，最终帮到自己，获得共赢。但是在现实中，这样的利他往往很难做到，这是为什么呢？

首先是人性的自私，这种自私并不是道德批判层面的自私，而是千百年来个体生存延续的本能。所以有科学家称，人生来自带"自私的基因"。

表现在商业上，我们普遍认为资源是有限的，利他就一定会损己，因为缺乏投资思维，不去思考如何做会实现"一加一大于二"的共赢局面。投资思维，是先有付出再有回报。"利他思维"恰好是这种先满足对方需求，赢得信任与感恩，得到对方的良性回馈的思维模式。正所谓："念念不忘，必有回响。"

只是利他思维需要时间，更需要耐心，需要延迟满足，可人性往往倾向于及时满足。而如何具备投资思维和延迟满足，则涉及感性与理性之争。

丹尼尔·卡尼曼在《思考，快与慢》中提到，人的大脑有两个系统：系统一是我们的生理直觉系统，反应快速，负责本能，是感性的，也极易出错；系统二是严谨的、理性的，思考复杂的问题往往更准确。

利他与利己表面上是矛盾的，实际上既对立又统一。深层次剖析，真正的利他实为利己。商业上的利他思维的利己本质恰恰体现在资源吸附力上。

你想要别人怎样对待你，你就要怎样对待别人，否则就成了博弈。想要多一分，不愿少一分，总体上是消耗了能量，结果是零甚至是负数。

如何实现正和呢？这也需要博弈，与人性博弈，理性战胜感性。表现在方法上，是通过策略设计，将双方的需求、矛盾点予以调和，借助长期视角的反馈，转换为当下共赢的诚意和行动。以心换心，以助力换动力，以资源换资源，以合作换成果，实现利他与利己的完美统一。

利他思维可以通过助人、释放善意等方式，推动己方品牌的升值，增强信誉度，获得建立长期关系的信用值。

失信于人，必失人心；取信于人，必得人心。人心所至，则声望起。声望逐渐被扩大传播出去，然后越来越多的资源会向你靠拢，你的能力也将因为更多人的认可和资源的加持而变得更强，且具备长期叠加效应。久而久之，人们更愿意与你长期合作。

是选择短期的赢，还是长期的赢？弄清楚了这个问题的答案，你也就知道在利己与利他之间如何做选择了。

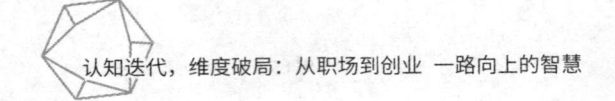

知易行难，如何才能做到利他

首先是训练利他思维习惯。每当意识到思考更多的是从"我"的角度出发时，及时刹车——"等等！我是不是又被'自私的基因'绑架了？别人此刻会怎么想？他们需要什么？"就像大家普遍认同的那样：一个好的习惯的养成需要21天，我们不妨也做一份利他思维训练计划，然后坚持21天，见证自己的转变。

因为每个人在社会上都是多重角色混合体，不同场合下扮演不同角色，所以我们来谈谈不同场合下的利他思维，如生意场上的利他、团队管理中的利他、社会关系中的利他和家庭内部的利他。

生意场上的利他

在生意场上，无论什么商业模式，一定涉及两种对象，分别是合作上下游产业链和客户。前者是产品、服务的原材料供给方，后者是产品或服务的需求方，即最终买单出钱的一方。对于产业链上的合作方，如果用利他思维去思考，我们会关注他们的盈利，比如价格压得太低，对方为了利润，只能牺牲服务质量或者降低原材料的品质，最终给自己的产品埋下隐患。正确的做法是我们应该跟他们共同发展、做大做强，通过长期合作建立长期信任，彼此磨合，形成一个更强大的组织，合成一个铁拳打向未来的市场。

对于客户，我们更需要思考和满足客户价值，甚至要考虑到客户的长期乃至终生价值。一旦客户的根本需求被有效满足,一定会增强他们与公司的黏性,甚至会介绍更多的客户购买我们的产品或者服务。

团队管理中的利他

用利他思维为团队考虑,具体来说,我们要从三个方面着手。

一是经济需求,也就是建立科学的薪酬激励体系,让付出者有回报。

二是发展需求,即建立企业的内部晋升通道和健全的培训体系。长期服务于公司并作出贡献的员工,可以不断提升能力,并且随着服务年限增加而升职加薪,在更大的平台上发光发热。这些员工能更深刻地认同企业文化,更了解市场,手上也拥有客户资源,还能够以传帮带的方式让新人借鉴自己的成功经验和方法。团队内部的利他,本质上是不断筑起企业牢固的墙。

三是心理需求。员工只要在你的企业干得开心,能够实现自我价值,心情愉快,就会释放出更大的创造力和自驱力,推动企业的成长进步。

社会关系中的利他

社会关系涵盖朋友、同学、同乡等。人与人之间如何形成良性关系呢?我们要做个有心人,给予对方适度关注,了解对方在做什么,想什么,需要什么,并给予力所能及的帮助,不

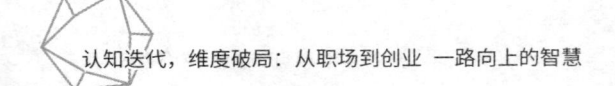

去计较是否有及时回报。这样做，也是在积累资源并且浇筑资源大坝，让资源变强、变好，你的信誉也会越来越好，最终你会拥有影响力和凝聚力。在你有需要的时候，或者别人有能力的时候，大家也会尽可能地给你提供帮扶。

家庭内部的利他

中国人的价值观十分注重家庭与亲情，"牺牲型""奉献型"关系十分常见，我们还有必要提利他思维吗？

是的，尤其需要。因为家庭里最常见的不幸就是以"我都是为你好"为由而行伤害之实。家庭里真正的利他，最重要的是要关注家人真正的需求。

我们把以为的"最好的方式"给到父母、丈夫或妻子、孩子，但其实并没有真正去了解他们的想法，他们到底需要什么，更希望以什么样的方式来得到支持。比如有的老人在老家生活了几十年，有他所认同和习惯的生活方式和生活环境，孩子却觉得在大城市给他买一栋别墅就是最好的回报，从来没想过也许老人会不习惯，会感到孤独。也许老人真正需要的只是你能多花点时间去关心和陪伴他，而非用一栋价值不菲的别墅，让老人陷入孤独和对陌生环境的不安中。

夫妻之间也要发自内心地去理解对方，彼此关心支持，有的需要事业上的支持，有的需要独立的空间，有的需要精神上的慰藉，有的以上都需要，但最终还是需要彼此信任和认同。唯有如此，夫妻关系才可以长久保鲜，活力无限。

亲子关系中更是如此，大人总会站在道德和认知的制高点说教，加以控制，但是孩子却发自内心地反感、叛逆。在孩子的成长过程中，更多的是焦虑的父母和不被看见的孩子。亲子关系中的利他思维，对我们提出的要求是俯下身子，去真正看见和听见孩子，给予他安全感和自信心，让他可以自由勇敢地探索世界，而不是以"为你好""少走弯路""少犯错"为名，设置各种人为障碍。

我们需要修炼的，就是扩展认知，知己知彼，用智慧引领关系。

"己欲立而立人，己欲达而达人。"

06 为什么目标和目标感如此重要

目标，就是自己到底想要什么。

有的人终其一生，都不知道自己想要什么，浑浑噩噩过完了一生。

有的人忙碌奔波，却不知道自己为什么而忙，每一个阶段的目标又是什么，这是本能和惯性驱使的活法。

可是，还有一些人，他们在同样的生命长度内，却做出许多成就，甚至誉满天下，被载入史册。

之所以出现不同的结果，是因为许多人没有构建目标的习惯和方法。

规划目标——先给自己树立一个靶子

目标，就像靶子，若你连靶子都没找到，每天练习射箭，即使射得再远，也不知道应该往哪里射，如何才能得高分，这其实是无效或者低效努力，最终只能凭借运气和机遇来获得一些成果。但你并不会感到兴奋，因为这些成果可能并不是你真正想要的。

规划目标，是一种选择的智慧。选定一个靶子，知道自己应该做什么，怎么做，更知道不应该做什么。而战略，就是明白该做什么、不做什么的学问。

人生，选择比努力更重要。其中最重要的选择，是选择放弃，放弃一些与目标不相关的事情和人，节省出时间和精力，投入到与目标相关的事情和人身上，这样的努力才更具效力。

我们每天会面临无数种选择，如同走入一座迷宫，锁定目标，就好比锁定出口。这需要我们站得高一些，以宏观的视角俯视全局，看到出口的坐标和前进方向，从而规划正确的路径。

也许有人会说，人生在于经历，或者人生在于随缘，不用那么刻意，不用那么累。

我只能说这是不同的价值观，不需要去评判对错。选择什么样的活法是个人的自由，只要能承担这样选择的后果。资源是有限的，根据"马太效应"，越是做出成就、占据资源多的人，还会有更多资源向他靠拢，无论是人脉、资金还是影响力等。

反过来，佛系、躺平也是一种活法，只要自己满意，也行！

有了清晰的目标，我们更要知道人生每个阶段、每年、每天、每个小时我们应该做什么，这样能带来更高的效率。假以时日，人与人之间的差距，就会越来越大。

目标如何制订？涉及三个要素：时间长度、范围宽度和清晰度。

目标的时间长度

对普通人而言，时间的最大长度，就是人的一生。

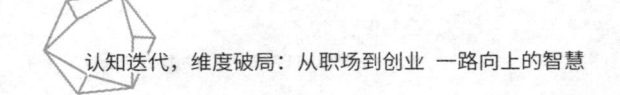

我这辈子希望成为什么样的人。到我离世那一刻，希望自己的墓志铭如何写。

　　以终为始的思考，就是当生命即将终结的那一刻，我们希望自己能够完成哪些事情，自己以及别人会怎样评价自己的一生。

　　很多人回避谈死亡，其实大可不必。人这一生，死亡是终点。我们无法阻止死亡的到来，也无法放慢死亡的脚步，我们唯一能决定的就是活着的每一个当下过得充实、丰盈。不悔过去，不忧现在，不畏未来，计划好、过好每一个当下，这一生才是有意义、有价值的。如此，从容迎接人生主场的最后一位客人，好好告别，轻松且自豪：这一生值了！

　　人生目标是终极目标的思考，出于效率和检测的需要，具体到现实中，我们还需要制订阶段性目标，比如五年目标、十年目标。阶段性目标是指每一个阶段，我们希望取得什么成就，干成什么事业，怎样生活，以及有什么成长和收获。孔子曰："吾十有五而志于学，三十而立，四十而不惑，五十而知天命，六十而耳顺，七十而从心所欲，不逾矩。"每一个阶段都有不同的境界达成，如此形成螺旋式上升、迭代更新的人生进程。要达成这样的目标，我们需要好好去规划每一个阶段的目标，一步一个脚印地去实现。

　　再细化一些，首先是制订一年的目标。许多人都会规划年度目标、年度课题。例如这一年，自己的年度主题是什么，要完成什么重大项目，需要在哪方面有提升，形成什么新习惯，或者年度主要的学习方向是什么，着重在哪一个学科领域取得建树。今年要写一本书，或者转型尝试做一件新的事情，哪怕培养一个新的兴趣爱好，也是可以的。毕竟人生几十年，一年取得几个成果，一生累加起来，也是硕果累累。

其次是将一年的目标分解到每一个月。月是比较好的目标制订和检视周期。一年检视调整一次目标，太慢，代价过大。而一天又太短，无法做成很多事情。一件大事是由若干小事组成的，一项成果的达成需要一个阶段的持续努力，所以我认为用月度目标来检视调整年度目标意义更大，也更合理。

最后是颗粒度最细的时间管理维度，即一天的目标。如何过每一天，决定了如何过这一生。"明日复明日，明日何其多。我生待明日，万事成蹉跎。"道理谁都懂，可拖延者永远都能找到拖延的理由。正如前文所说，这也是一种人生选择，只不过是消极的。既然选择了与时间赛跑，活出人生价值，那我们在人生目标、中期目标、月度目标的引导下，每一天的目标执行、检测与自评就显得尤其重要。

一天的目标，还要拆解到每个小时，甚至每一分钟，这是时间管理的课题，涉及效率和事项的优先级。

越是优秀的人，他的时间管理刻度越细。例如：卓越的企业家或政治家，他们的时间甚至以分钟来规划。对于大多数人来说，至少应该以小时为时间管理的刻度。比如开一个会，最好设定开多长时间，否则就会闲聊乱扯，没有效率，不能倒逼出成果。或者本来一天可以做更多的事情，但是只做了一件，

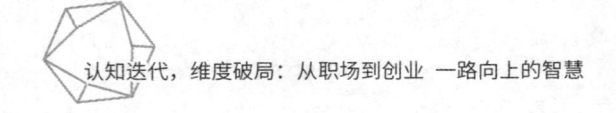

这会导致工作与生活失衡，即第二个要素——范围宽度。

目标的宽度

目标的宽度，指的是关注面。

人的关注面，涉及事业、社会关系、家庭、自我成长、身体健康等维度，那么在制订目标的时候，就应该把以上这些维度都纳入考量：每一个维度，自己的目标是什么，希望做到什么程度；在每一个维度上，自己要做哪些事情，做出什么成果，以及时间如何分配。

如果不去规划，你就会发现也许忙了一天工作，家庭没有照顾到，孩子没人管。等孩子长大了，亲子关系紧张时，你才后悔自己没有好好教育和陪伴孩子。

常常出现的情况还有，忽略了自己，焦点始终在外，不停地透支身体，只有放电，没有充电，过了一段时间身体便垮了，或者心态崩了；还可能发现自己这些年来都没有学习，几乎没有进步。

所以我们做时间规划时，要结合关注面里的各个维度来做综合考量。

目标的清晰度

最后一个要素，是目标的清晰度。目标一定要清晰可描述、可衡量，即目标需要有清晰的成像。

比如，我希望身体好，怎样才叫身体好呢？是减肥 20 斤，还是每天坚持晚上 11 点睡觉、早上 7 点起床？我要在事业方面上一个台阶，到底怎样算一个台阶？是我在职位上做到经理、总监，是开始创业成立公司，还是公司营收提升 30%？我要花更多时间陪伴孩子，是每个周末带孩子体验不同的活动，还是每年带孩子旅游两次？

不清晰的、无法描述的目标，是无法给到明确的行动指引的，也很难实现。目标清晰，还有一个好处，那就是容易检测自己是否达标。一旦达标，会让自己得到鼓励和肯定，从而给自己持续赋能。我们需要从这些可衡量目标的达成中，获取多巴胺，获得更强大的自信和勇气。我把这种体验称为"成功小确幸"！

目标感能力的获得

目标感，可以用四个环节来定义，分别为目标拆解、目标执行、目标锁定和目标修正。

目标感不是一种感觉，而是一种能力，即目标贯彻的能力。要想获得成功，必须既有目标，又拥有目标感。

目标拆解，是把大目标分解成执行步骤，并合理分配时间。比如今年要组织一次家庭旅行，这是目标。但是只有目标不行，还涉及很多事项分解，如几月出行，去哪里，搜集旅行地的信息，寻找旅行社，比较价格，签订合同，购买出行物品等。若是自由行，那么同样的，组织家庭会议、研究制订路线、订酒店、订机票、了解当地景点、旅游记录以及出行后的整理等，

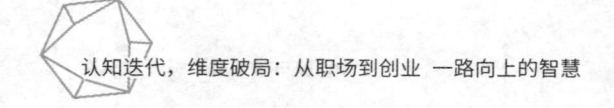

以上这些事情在什么时候做，具体哪天做，都需要规划。

不要认为这样很麻烦，毕竟生活中有许多事情需要去考量，如果不规划，就很容易顾此失彼，或是到了最后，才发现很多事情没有准备好，甚至还没有开始做。一问，答案永远是"没有时间"！

实际上不是没有时间，而是你没做好时间规划，没有目标拆解的能力以及极强的目标感。

目标执行，是严格按照规划执行。当然，可以有一定的调试性，毕竟总有意想不到的事情发生，或者出现干扰事项。但是如何排除干扰，这本身就是一种能力，诸如放弃不理，委托他人代办，将一些突发的不那么重要的事件延后，等有时间再处理等，都是办法。

目标锁定与目标制订有所不同，目标制订是定义的能力、规划的能力，而目标锁定是专注的能力、坚持的能力。因为目标会被分解成很多步骤，然后在或长或短的时间维度里分别去执行。真实的世界里，我们每天在做具体的事情时，还会生出很多其他的想法，惦念着某些人、某些事。倘若没有目标锁定的能力，就很容易"失焦"，顾此失彼，甚至不知道今天做这个事情到底是不是在践行最重要的目标。有可能自我感觉一直在努力，在忙碌，但其实所做的事情与目标已经没有直接关联了。

目标锁定，就好比手上拿着一个导航仪，随时都知道目标指向，即使阶段性偏离路线，我们依然能够重新调整方向，准确驶往终点。

形成目标锁定的能力,需要有定力、意志力、耐力和清醒的头脑,但前提是你的目标足够清晰。

最后一个目标感的能力,是指目标修正的能力。

目标修正,并非完全改变目标,而是在前期规划的时候,总有我们考虑不周全的地方,或是有信息差,在执行过程中,我们会发现目标与现实有出入,那么我们就需要调整和修正目标。例如,调整目标的难易度,调整实现目标的路径做法等。

目标修正和目标锁定又是相关联的,缺乏目标锁定的目标修正,本质上是失去目标,或者放弃目标。而不会目标修正的锁定目标,就是"傻傻的执着",不懂得调整和变通,这不是笃定目标,而是"轴",结果也往往事与愿违。

"执着"和"执拗"的区别,在于你是否围绕着目标而坚持。

对于创业者来说,他们需要组织与整合大量的资源去做事、做成事。而创业之路又是一条探索之路,一条荆棘之路。所以,创业者需要处理好个人与家庭的关系,家和万事兴;处理好组织和市场的关系,攻城拔寨,做大做强;处理好团队内部的关系,攻无不克,战无不胜。

而这一切,都需要清晰的目标和目标感。否则各自为政、方向不一,越用力,越内耗,而自己也会因为身心失衡,耗损严重,无法成事。

07 保持勤勉，
为了目标持续而有效地努力

科比问："你见过凌晨四点的洛杉矶吗？"

每天四点起床，对每个人来说都是巨大的挑战。科比可以十几年如一日地坚持在凌晨四点出门去斯台普斯球馆训练。

许多企业家都是如此，早起锻炼、阅读，或者去公司思考、工作。许多上班族也是如此，每日早起，为了避开堵车或者地铁高峰。还有那些清洁工人，凌晨四点已经在打扫城市的街道了。但区别是，你的早起，是被动还是主动？

为生活所迫的奔走忙碌，是辛劳；有意识地发挥主动性的劳作，是勤劳。千百年来，勤劳是中国人民的普遍品质，但是勤劳的落足点还是在"劳"上，在具体的劳动执行上。与勤勉相比，勤劳缺少思想高度的指导。这就是我们常说的：埋头赶路时，千万不要忘记抬头看路。

真正的勤勉，是持续努力，是为了目标而有效努力。

科比生前坚持凌晨四点起床，头顶夜幕训练；C罗假期坚持早上、下午一日两练；优秀的企业家们无论假期还是工作日，依然在思考公司战略方向或者对接资源。

勤勉，是为了梦想的持续自律

人与人的差别往往体现在下班后、生病时。这些非常态的时刻，往往是最能考验人、拉开人与人之间差距的。

勤勉是随时都把目标刻画在心里和行动中，哪怕正处于最艰难的时刻，我们依然要保持理性，朝着目标持续行动，将需要面对的突发事情纳入事项，积极处理。

创业者要对外理事，对内做好情绪管理，坚持向着目标迈进，分清主次，把紧急但不重要的事情通过委托、适度延后或者协调时间的方式进行处理，继续保持重要事情的执行和连续性。

勤勉，是历经至暗时刻，依然充满阳光，保持行动力！

勤勉，需要战术，借助方法，讲求平衡。

每当你思考、总结出一套非常系统的战略打法，但是下属在工作中做得不到位时，你是聚焦战略拿着鞭子抽打，还是深入到团队里沟通了解情况后给予支持和示范？对于创业的你来说，身份有多种，为了目标，你需要不断切换角色。这种停下和切换，是负责任的表现，更是一种勤勉。

勤勉，是既能够飞翔到高空，又敢于俯身到泥土里！

勤勉，必须是有效的

有的人善于思考；有的人喜欢先干了再说；有的人习惯于听别人的，别人怎么说，自己就怎么干；还有的人不会干，但是知道学、学了经验、长了本事后借鉴着干。

只会干不会思考，不讲方法，牺牲了效率，就只能撞运气；光想不干，一切都止步于空谈。没有执行调查的思考，纯属纸上谈兵，是缺乏实践的反馈修正；光想着干事，不学习也不行，这会让你的认知有限，也走不长远。

世界上的大部分路都有人走过，任何问题都有人经历过、研究过，你想的未必是最好的方法，要知道如何借鉴"拿来主义"。

想、学、干，三者拧成一股绳，彼此缠绕，彼此支持、借力，时间上可以有先后，但动作上得全有！

创业者所修炼的基本功，源于打破认知边界，将思考、行动、学习三者组合！

新冠疫情这几年，你会发现，很多努力，抵不过不可抗力因素带来的影响。

啊！仰天长叹，我还要继续坚持吗？

勤勉，需要一颗强大的心脏！要抵得住诱惑，耐得住寂寞，扛得住打击。